科学探索小实验系列丛书

探索生物中的科学

宫春洁　杨春辉　何　欣 / 编著

吉林人民出版社

图书在版编目(CIP)数据

探索生物中的科学 / 宫春洁, 杨春辉, 何欣编著
. -- 长春 : 吉林人民出版社, 2012.7
(科学探索小实验系列丛书)
ISBN 978-7-206-09167-4

Ⅰ.①探… Ⅱ.①宫… ②杨… ③何… Ⅲ.①生物学
-普及读物 Ⅳ.①Q-49

中国版本图书馆CIP数据核字(2012)第161934号

探索生物中的科学

TANSUO SHENGWU ZHONG DE KEXUE

编　著:宫春洁　杨春辉　何　欣
责任编辑:周立东　　　　　　封面设计:七　洱
吉林人民出版社出版 发行(长春市人民大街7548号　邮政编码:130022)
印　刷:北京市一鑫印务有限公司
开　本:670mm×950mm　　　1/16
印　张:12　　　　字　数:138千字
标准书号:ISBN 978-7-206-09167-4
版　次:2012年7月第1版　印　次:2023年6月第3次印刷
定　价:38.00元

前　言

主题情节连连看

《科学探索小实验系列丛书》中的七个主题范围能够帮助你了解本书的内容。

第一个主题"揭开科学神秘的面纱"，介绍了科学的本质和科学研究方法中的基本要素，例如：提问题、做假设或进行观察。活动中有许多谜语和具有挑战性的难题。"情景再现"系列由一组科学奥林匹克题组成。

第二个主题"探索物质和能的奥秘"，介绍了许多基本的科学概念，例如：原子、重力和力。这个主题涉及物理和化学领域的一些知识。"情景再现"系列包含比任何魔术表演都更有趣的科学表演——因为你明白了这些"把戏"的秘密。

第三个主题"探索人类的潜能与应用科学"，涉及生理学、心理学和社会学等方面的知识。"情景再现"系列则着眼于人类基本的视觉、听觉、触觉、嗅觉和味觉。应用科学讲述的是工艺学和一些运用科学来为我们服务的方法。"情景再现"部分集中研究飞行，也包括几种纸飞机和风筝的设计。

第四个主题"探索我们生活的环境"，从简单环境意识的训练入手，接着是讲述生态系统的运作原理，最后以广博的"情景再现"系列结束。这一系列讲述了许多我们面临的环境问题，这个系列的一个重要特征是它包括有关判断和决策的各项活动。

第五个主题"探索岩石、天体中的科学",涉及地质学的知识,即对地球内部和外部的研究,简单的分类活动也被列在其中。"情景再现"系列讲的是岩石的采集,包括采集样本、测试和分析。有关天体讲述的是浩瀚宇宙中的地球。活动范围覆盖了天文学和占星术,包括有关月亮、太阳、恒星和其他行星的知识。

第六个主题"探索生物中的科学",运用了比岩石、天体部分更进一步的分类技巧,这是因为对生物进行研究,难度更大。"情景再现"系列讲述了绿色植物、真菌和酵母的培植。研究动物包括哺乳动物、鸟类、昆虫、鱼类、爬行动物和两栖动物。活动的范围从某类动物的特征和适应能力到对不同种类动物的对比。"情景再现"部分集中于对动物的观察。观察的办法是去它们的栖息地或让这些动物走近你,例如:去昆虫动物园。

第七个主题"探索天气中的科学",始于有关空气特性的活动,而后是有关雨、云和小气候的活动。"情景再现"部分讲的是如何建造和使用家用气象站。

阅读与应用宝典

《科学探索小实验系列丛书》是一套能够帮助中小学生去探索周围神奇世界的综合图书,书里面收集了大量的需要亲自动手去做的实践活动和实验。

《科学探索小实验系列丛书》可以作为一套科学的入门宝典。书中包括许多有趣的活动,效果很好。为了使家长和教师能够更加方便地回答学生们提出来的问题，本书在设计上简明易懂。同时，书中的设计也有利于激发学生们提出问题。

《科学探索小实验系列丛书》以时间为基础分为三个主要部分的原因。"极简热身"是一些短小的活动。这些活动很少或不需要任何材料。许多这类活动可以在很短的时间内完成。极简热身通常就某一主题范围介绍一些基本概念。"复杂运动"需要一定计划和一些简单的材料，完成这种活动至少需要半个小时。复杂运动经常深入地解决重要主题范围内的一些概念。某一特定主题范围内的"情景再现"活动是相辅相成的。这些活动突出此主题范围的一个中心或最终完成一项完整的工程，例如：一个气象站。如果愿意的话，你可以独立完成这些活动。"情景再现"活动需要一定计划和一些简单的材料。

《科学探索小实验系列丛书》囊括了科学研究的所有基本方面，被划分成七个主题范围和四十个话题。如果要集中研究某个特定的主题，那么仔细查阅一下那个主题范围内的所有活动。如果你只是在查找有关某一主题的资料和事实，可以挨页翻看带阴影的方框中的内容。总之，每页的内容都是在前些页内容的基础上形成的。

除了主题之外，《科学探索小实验系列丛书》又被分为四十个话题。这些话题为各主题内部及各主题之间的活动提供了概括性的纽带。活动的话题被列在这个活动中带阴影的方框的底部。与活动联系最为紧密的话题被列在第一位，间接的话题被列在后面。

《科学探索小实验系列丛书》中的主题部分可以帮助教师，使活动适应课程的需要。但是由于本书主要是以时间为基础进行划分的，所以按主题范围划分的重要性就被降低了。而且，由于现实世界并没有被划分成不同的主题范围，所以学生们的兴趣也不可能完全一下子从一个主题范围内一个活动跳跃到另一个主题的活动上去。因此，各种话题可能要比划分出来的主题范围更为重要。重要的原因还在于它们能够鼓励一种真正地探索科学的精神。有时有的活动可能引发出与此活动相关，但是在此活动主题范围以外的问题，也可以把各个话题作为检索《科学探索小实验系列丛书》的一种途径。有时，通过不同途径重复进行同一种活动，会有助于学生全面了解事物。各类话题使你将各种活动看作一个有机整体。各种活动相辅相成，有助于学生加深理解，增长见识，培养兴趣。同时在总体上会使学生对科学持一种积极的态度。

《科学探索小实验系列丛书》在每个篇目中都安排了一个活动，主要是通过在每个实验步骤中出现的各种问题来激励深层次的思考。书中大多数活动都是开放型的，允许有各种可行的、合理的结论。每个活动的开头都有两行导语，接下来是活动所需的材料清单和对活动步骤的详细描述。有关事实与趣闻的小短文遍布全书，里面的内容包括奇妙的事实和可以尝试的趣事。

《科学探索小实验系列丛书》中的活动范围从实物操作、书面猜谜、建筑工程到游戏、比赛和体育活动不等，其中有些活动需要合作完成。有些活动是竞赛，还有一些活动是向自我提出挑战。

研究科学不需要正规的实验室或昂贵的进口材料。对学生来说，这个世界就是一个实验室。人行道是进行一次小型自然徒步旅行的绝妙地方。他们可以在教室的水槽里做有关水的实验，把窗台变成温室或观测天气和空气污染的地方。他们可以用厨房的一个角落来培植霉菌和酵母。

因此，《科学探索小实验系列丛书》中所用到的材料都不贵，而且都很容易就能找到。其中一些材料需要你光顾一下五金或园艺商店，但大多数材料在家里就可以找得到。

有效使用《科学探索小实验系列丛书》的一种方法是制作一个用来装科研材料的箱子。带着这个工具箱和这本书，你就可以随时随地地进行科研活动了。工具箱内应装有在《科学探索小实验系列丛书》中需要的简单材料，如塑料袋或容器、放大镜、纸、铅笔、蜡笔、剪刀、吸管、镜子、绳子、雪糕棍、松紧带、球、硬币、水杯，等等。

《科学探索小实验系列丛书》被设计成一本有趣易懂的书——它从书架上跳下来，喊道："用我吧!"

寄语教师与家长
——提高科学研究的质量需要寓教于乐

教师和家长们一方面一直在寻找激起孩子好奇心的方法，另一方面又在为满足孩子的好奇心而努力地指导他们。"好奇心"不只是想去感知的冲动，而是要去真正理解的强烈愿望。科学研究的目的就是要了解这个世界和我们自己。科学研究中的好奇心是指能够转变成追求真知的好奇心。

罗伯特·弗罗斯特（Robert·Frost）说过，"一首诗应该始于欢乐，终于智慧"。这句话对包括严谨的科学在内的其他创造性思维同样适用。"始于欢乐"，有趣的科学活动充满了吸引力，让人流连忘返。"终于得到智慧"，科学活动也会起到教育的作用。

中小学生是为了成为21世纪高效、多产的合格公民，需要在发展的生活中获得必需的科学认知能力。无论是男女老少，住在城市还是乡村，从事脑力劳动还是体力劳动，科学研究对每个人来说都很重要。正是因为有了科学，我们才发展到今天。科学研究创造了我们享受的舒适，也提出了我们必须解决的问题。明智地使用科研成果能够把世界变得更加美好，而胡乱地利用它们将会导致全球性的灾难。

学习科学要进行智力训练。与其他许多事物一样，人们在幼年时期就必须接受智力训练。如果学生没有学会科学的、系统的思考方法，那么他们长大后就会盲目地接受别人的观点，把科学和迷信混为一谈，轻信武断的决定而不是相信成熟的见解。

与语言、艺术、数学和社会学相比，人们对科学研究的重视程度较低。在许多小学，与科学研究相关的学习时间每周只有几个小时，学生对科研的兴趣降低了，人们对与科研相关学科课程发展的支持也明显减少了。今天，调查感叹科学教育的不足，社会发展对熟练科技人才的需求，计算机的日益普及和严重的全球性的环境问题，使人们看到了社会重新对科学研究产生兴趣的希望。

在某种程度上说，提高"科学认知能力"意味着鼓励更多的中小学生认知科研事业的重要性。现在，科研及其应用比以往任何时候发展得都要快。我们需要更多的科学家、技术人员和工程师在未来的复杂世界中发挥作用。

更为重要的是，对科学的认知能力要求我们认识到科学研究并不只是由专家们来为我们做的，而是要求我们去亲自实践。科学读物中的理论知识与真正理解之间是脱节的。没有人们的理解和热心钻研，这些知识只是潜在的，而不是真正被掌握的人类知识。为了能够跟上社会发展的步伐，每个人都应该具备相应的科学知识。科学的认知能力也包括能够运用基本的科学技巧做出明智的决定。在科技发达的社会里，科学的决策推动着生活的进步。我们应建更多的原子能工厂吗？哪些疾病的研究应获得科研基金？应该控制世界人口吗？怎样看待试管婴儿和代理妈妈？

对科学的认知可以从一本介绍科研活动的书开始。科学活动能够使学生获得一种可以控制不断变化的，充满问题的世界的感觉。首先，这些活动为学生提供了一个学做具体事情，从而改善世界的机会。例如：有关环境的活动使学生们知道他们可以马上采取哪些行动来保护环境。其次，科学活动能够让学生亲自体验哪些办法行得通，哪些行不通。例如：学生可以直接比较水和醋在植物生长过程中起到的作用。第三，科学研究可以帮助人们理解事物，消除恐惧和疑惑。例如：飞机上升时耳朵有发胀的感觉会使你感到惊慌。当你明白了为什么会出现这种情况并知道如何缓解压力的时候，就会好多了。第四，科研活动能够让你更加深刻地认识到这个世界确实十分奇妙。例如：为什么割了手指会感到疼痛，而割到指甲时不会感到疼？最后，科学活动通过鼓励积极参与和培养个人责任感来平衡学生在依赖电视这一年龄阶段所形成的被动观察。

科学研究是对世间奇迹的探索，这一点学生们认识得最深刻。每位中小学生都可以被看作是未来的科学家。学生们想弄懂所有的事情。一旦他们找到了一位知晓一切的人——通常是父母或老师——他们便源源不断地提出问题。想要了解事物如何发展变化以及这个世界的存在方式是一件正常的事情。在最基本的层次上，科学讲的就是这个。科学家只不过是一些专业人员。他们所从事的研究，学生们都能够自然地做出来。科学家的内心活动实际上与学生们的一样。学生实际上就是小科学家。

　　研究表明，家长和小学教师（与高中教师相反）在使学生对科学研究产生兴趣这一点上，由于他们自身的疑问和好奇心以及他们敢于承认自己专业知识的缺乏，使他们在指导学生进行科学实践的过程中占据了优势。这也与他们鼓励学生与他人分享想法和经验有关。

　　科学不能光靠空谈，还必须亲自动手去做。学生在主动的，需要动手的环境中更能兴趣盎然地进行学习。研究表明，动手实践能使学生的能力在科学研究和创造性活动中得到大幅度的提高；实践活动也提高了学生在感知、逻辑、语言学习、科学内容和数学等方面的能力，同时也改变了他们对科学研究和科学课的态度。更为有趣的是，人们发现那些在学习上、经济上或两个方面都略显逊色的学生们在以实践活动为基础的科研中获得了很大收益。

　　有时，让学生直接与被研究对象接触是非常方便的。例如：他们能直接利用光来制造阴影。而另外一些研究对象（如恐龙和其他行星）无法使学生获得直接经验。此时我的脑子中就闪出了这样的想法：得让学生们积极地参与进来。于是，故事和戏剧等形式被融入活动之中，来代替直接经验。

　　进行科研活动常用的一种好办法就是分三步走的"循环学习法"。对科研实践来说，循环学习法是一种简单有效的方法。它始于20世纪60年代，是由美国国家科学基金会赞助发起的。它是科学课程完善性研究的一部分。作为一种使学生们直接主动地进行科研实践的教学策略，它已初显成效。

　　在循环学习法中，学生在接触新的术语或概念之前，要先完成一个活动。其目的是让学生通过他们的个人亲身经历，逐步形成并不断加深对这些知识的认识。学生可以在一种结构严谨，并且灵活多变的方式中开始探索，进行活动。接下来是对活动进行讨论。最后一步是重复这个活动或活动中的某些形式，以使学生们能够把新学的概念运用到实际当中。

循环学习法的第一步，初步接触活动，是让学生们去发现新的观点和材料。当学生们初次进行某项活动时，他们便获得了建立在实践基础上的科学概念。游戏是获得信息的基础，而且概念的培养也离不开直接的动手实践。学生们有能力去观察，收集材料、推理、解释和进行实验。在必要的时候，教师或父母可以充当监督或咨询的角色，通过提出问题来帮助学生们完成活动，千万不要告诉学生们去做什么或给出答案，不要使孩子们产生一定要做对的压力，而是要使他们专心于做的过程。

举一个利用循环学习法来使用《科学探索小实验系列丛书》的例子。假设你对植物这个主题感兴趣，你可能在"情景再现"这一部分找到相关活动。这一循环的第一步包括一个有关种子的活动。首先展出不同的种子并让学生们用放大镜去观察和比较。在第二步，你与学生们讨论他们的观察结果，并列出他们所观察到的种子的物理特征。然后可以让他们读本有关种子的书。在最后一步，让学生们继续深入研究种子。如把不同的水果切开，比较它们的种子，或者甚至可以把利马豆浸泡一夜后进行解剖。

接下来便到了讨论阶段。通过讨论，可以帮助学生发现实践活动的意义所在。而且，学生在进行观察并形成了某种看法之后，也急于与别人交流，把他们的发现公之于众。

可以在讨论过程中使用《科学探索小实验系列丛书》中的背景知识介绍基本概念和词汇。书中的信息如果能和其他资料，如教科书、词典、百科全书、视听辅助手段等相结合，还可以不断地拓展、丰富。书中有些背景注释为了适合青少年学习，可以稍作改动。不过，如果使用的语言过于简单，它就不具有挑战性的研究价值了，学生们也就不可能重视隐含在字面之后的概念。

讨论应在自由开放的氛围中进行。交际能力使讨论充满活力和具有成效是非常重要的。

发展主动的听力技巧。重述学生们的话，向他们表明你一直在听，而且明白他们的意思。

提出非限定性的问题。如"你是怎么看的?""发生了什么……?""如果……会怎样?""怎样才能发现……?""怎么能确定……?""有多少种方法能够……?"

当学生们提出问题时，让他们再仔细考虑一下这些问题。要求他们提供更多的信息和实例，鼓励他们去描述，让他们作出尽可能多的答案，而不是只停留在某个唯一"正确"的答案上。

让学生们评估他们的发言。各组可以列出他们的优点和缺点。

当然，所有这些必须由教师或家长组织练习并且使之与参加活动的学生们的层次相适应。一旦你与学生们就某项活动的讨论获得成功，学生们就可以重复这项活动，这样做给学生们提供了应用理论的机会。每进行一项活动，他们都会在更深的层次进行研究，获得新的发现，使理论得到强化。循环学习法的最后阶段可以作为一项新的活动的起点。学生们可以通过进行新的活动来扩充现有理论。

出版《科学探索小实验系列丛书》的目的就是为了鼓励这些学生。更重要的一点是，要让家长、教师和学生把握什么才是真正的科学。仅仅为了完成教学任务，而"填鸭式"地将知识灌输给学生，从长远意义上来说，是对学生是有害的。学生科学认识能力的提高，并不在于学了多少，而是要看学习的方法。《科学探索小实验系列丛书》鼓励培养学生对科学的洞察力，对概念的理解能力和高度的思维技巧。

十个基本步骤掌握科学方法

要用科学的方法组织科研活动。使用科学的方法就像侦探调查神秘的案子一样。科学的方法实际上是组织调查研究的计划。它实际上不是一整套需要遵循的程序，而是一种提问和寻求答案的方法。

1. 确定问题。决定你究竟想了解什么。尽管开始时可以产生几个相关的问题，但最终要把它们归纳成一个可以进行初步探究的具体问题。你无法用真正的火箭去做实验，但是却可以用气球来研究火箭的工作原理。

2. 收集与问题相关的信息资料。这部分属于研究的范畴。研究可以激发直觉的产生，而直觉又在科学研究中起到了关键的作用。直觉是在大脑下意识地作用于积累的经验时产生的，它随时随地都会出现。尽管大多数情况下直觉是错误的，但它也有正确的可能。因此我们必须通过实验来验明真伪。

3. 接下来对问题的答案进行猜测。这一步被称为"假设"。

4. 找出变量，即那些可以改变和控制的东西。这通常是科学方法中最难的部分。它要求对假设进行仔细的分析。在不同的试验中，至少有一个变量需要改变。同时，无论你在改变的变量重要与否，总有一些变量得保持不变。例如：你正在研究用盐水浇灌植物的效果。你手中有两株植物，你用完全相同的办法培育它们：同样的种子、土壤、日照和温度等，这些是控制不变的变量。这两株植物唯一的区别是其中一株是用自来水浇灌的，而另一株则是用盐水浇灌的，这些就是被控制变化的变量。

5. 决定回答问题的方法。详细写出你要做的每一步，不要假设或省略那些似乎"明显"的步骤。

6. 准备好所需的材料和设备。

7. 进行实验，记录数据。一定要准确测量和记录数据。通过重复实验来检查数据的准确性是很有用的。

8. 对比实验结果和假设。看二者是否吻合，假设没有正误之分，只有是否被支持的区别，无论怎样，你都会有所收获。

9. 作出结论。结论通常要回答更多的问题，如活动结果如何？说明了什么？活动是否有价值？怎样产生价值的？你学到了什么？你需要进一步研究什么？

10. 向别人公布你的发现。科学家们互相探讨他们的发现，使理论日趋完善。以交换智慧为目的，科学家们已经建立了全球范围的网络，来促进彼此间的交流。这给人们留下了深刻的印象。牛顿曾说过如果他看得更远一些，那是因为他站在了巨人的肩膀上。我们许多人熟知这个典故，但是却忘了问怎样才能找到巨人的肩膀并被它的主人所接纳。虽然我们对此不以为然，但是这种行为确实是十分特别和重要的。

当你使用科学的方法时，切记它不过是一个总体的计划，而不是什么定规。科学家真正进行科研的过程与我们所描述的科学工作往往有许多出入。我们在描述中往往略去了研究工作中的遇到的许多挫折和错误。而正是被经常忽略的部分才是真正的充满挑战和挫折，令人兴奋的探索科学之路。

不对科学说“NO”

——写给致力于科学研究的女学生们

许多学生和成年人仍然认为科学研究不适合女性做。社会中某些微小的信息可以产生巨大的影响。在北美，女性占从事科研和工程劳动力的10%还不到。在社会对妇女就业采取明显限制的沙特阿拉伯，只有5%的女性从事与科研相关的职业。而在社会观念完全不同的波兰，则有60%的妇女从事科研活动。

如果我们要加强对青年女性的科学教育，那么必须及早入手——按照《科学探索小实验系列丛书》中所定的年龄阶段开始。研究结果表明，男女学生在对科学研究的成就、态度和兴趣等方面的差异在中学时期就已经明朗化。过了四年级以后，女学生就很少会像男孩一样对科学感兴趣，选修自然科学课并在科研活动中获得成功。

可以用实例来驳斥科学领域中男尊女卑的偏见。作为女孩的榜样，从化学家、物理学家居里夫人（Marie Curie）到宇航员罗伯特·邦达（Roberta Bondar），都应该作为科学活动的背景知识介绍给学生们。女科研教师或对科学感兴趣的母亲，都能成为有说服力的榜样。

有时，女孩似乎无意之中就陷入了科学研究中的"女性"领域，如对植物和环境的研究。要鼓励女孩去从事包含电学和磁力学在内的"男性"活动。应该给女孩们更多的时间和关注，让她们逐步熟悉传统上的"男性"器材（如电池、电路或罗盘）。不要强制她们去学习物理等学科，但是要给她们提供一个探索这些学科的机会，以便使她们能够做出明智的选择。

"男性"科学和"女性"科学教学技巧的侧重点不同。研究表明，在物理和化学教学中，解决问题方法很受欢迎，而在生物学中，理论教学和有指导的实验方法更受青睐。女孩通常对更为随便的处理型方法感到畏惧，因此放弃了解决问题的方法。

许多教育家认为，能够用大脑操纵空间的一个物体，使其旋转，以及建造三维立体模型的能力都是科学研究中必不可少的技能。研究人员对男孩与女孩在空间能力差异的程度和性质方面存在着分歧。大多数研究表明，空间能力的差异要到十四五岁时才出现。产生差异的原因主要是来自社会和教育方面的因素，而不是由先天的基因决定的。要鼓励女孩多做一些能够培养空间能力的活动（如用纸做三维几何模型）。

《科学探索小实验系列丛书》中的活动是为所有学生设计的——无论是男孩还是女孩。作为一条总的原则，当指导学生们进行《科学探索小实验系列丛书》中的活动时，要有意识地培养女孩去积极参与。研究显示女孩乐于扮演观察员或记录员的被动角色，而男孩则愿意扮演领导者。在教室中解决此问题的办法之一是把学生们按性别分组，进行科研实验。伟大的科研项目将从这里开始。《科学探索小实验系列丛书》会帮助你拓宽思路，并据此深入钻研。

　　《科学探索小实验系列丛书》中有许多值得思考的问题，这些问题为从事科研项目打下了基础。太多的学生以及他们的家长和教师认为科研项目就是要制造一些东西，如收音机或火山。但实际上科研项目是关于对科学的研究，即从问题入手，并用科学的方法去解决这些问题。

目　录

极简热身

复杂运动

情 景 再 现

极简热身

热身进行时

植物有多种用途。它们可以制造氧气，吸收二氧化碳，增加地下水源，过滤灰尘，作挡风墙，调节温度，降低噪音，覆盖并保护土壤，为人类提供阴凉，为野生动物提供庇护，为人类提供食物、木材、纸张、制作衣服和其他产品所需的纤维，并能创造出自然美。

用自然落下和修剪时剪下的树枝做拼图游戏，把树枝锯成四五段。为了把这些部分重新组合到一起，你得用树皮和年轮当线索。你也可以用细枝做微型的拼图游戏。

当了解到有那么多野生植物可以食用时，大多数人都会感到很惊讶。蒲公英的嫩芽与用来做色拉和烹饪用的蔬菜一样可口，新生的阔叶茎和马利筋属植物的笋的味道可以与炒菜相媲美。不过在食用植物前，你得先弄懂哪种植物以及植物的哪部分有毒，例如，大黄的叶柄部分可以食用，但叶子却是有毒的。

在强烈风暴中的蒲公英的种子。

只要轻轻一碰含羞草，它的叶子就会垂下去，像枯死了一样。

我们周围的花草树木日渐苗壮。选出一种植物，每天观察几分钟，最好选取些生长变化快的（如花朵幼苗）。记录下第一天的观察结果，看一下它的外表特征（如大小、叶片形状、颜色等）。每天对所观察植物的描述加一点新东西，测量生长的部分，看它是如何发生变化的。

表演出一株植物在微风、强烈的风暴、小雨、雷电交加的暴风雨、暴风雪、森林大火中，种植和收获时的样子及感受，小花和大树的反应有何不同？你认为当一只麻雀在树枝上跳，一只鸟在树权上筑巢，人在爬树和在树皮上刻字时，树会有什么感觉？

"动物"就是指除植物以外的任何一种生命有机体，包括哺乳类、鸟类、鱼类、爬行类及两栖类。"野生动物"指那些未经驯化或驯养的，按原有天性生活的，自己寻找食物和栖所的动物。

昆虫类动物的数量超过了地球上其他所有动物数量的总和。在地球上所有的动物中，昆虫类所占的比例超过80%。

有人认为猫头鹰很聪明，因为它们有睁得大大的眼睛。但是相对于它的身材而言，猫头鹰的大脑很小。在对鸟类的智力测量结果排队时，猫头鹰很可能处于中等水平。实验结果表明，鹅、乌鸦都要比猫头鹰聪明。

一些鸟类，如火鸡、家鸡，吞食小石子。它们体内有一种叫作"砂囊"的器官，作为第二个胃，专盛石子。砂囊中的小石子有助于磨碎食物以便于消化；美洲鳄鱼也吃石子，但原因却很不同，因为鳄鱼在水中生活的时间很长，所以它把吞食石子作为游泳时保持平衡的一种手段。

陆地上最高的哺乳动物是长颈鹿，它站立时身高6米。长颈鹿的长脖子帮它够到树叶及其他长在树顶的食物。

蓝鲸是世界上最大的动物。可长达30米，重达135吨。陆地上最

大的动物是象，它站立时，从地面到肩部有3.2米高，体重6吨多。

我们经常看到的树干上那些奇形怪状的肿块，叫作"树瘤"。树瘤一般是由昆虫引起的。雌性昆虫在树上产卵，当卵被孵化时，爬出的幼虫分泌的某种特殊的化学物质导致植物某一部分畸形生长。树瘤为幼虫的生长提供食物、栖所以及水分。树瘤的形状、大小、颜色各不相同，从粉红色的、圆形的、羊毛状的，到平坦的、刺状的。找一找橡树、柳树、山核桃、木棉、白杨及樱桃树上的树瘤。其他长有树瘤的树有黑莓树、玫瑰树及黄花。

植物话语

植物有其特定的结构和特征。我们所做的这个游戏是需通过写出来的线索让别人找出特定的植物。

材料： 纸；铅笔。任选——植物鉴别指南。

步骤：

1.当其他人都闭上眼睛或做别的工作时，一个人选出一株"秘密"植物，并把对它的描述写出来。小组同学必须通过写出的线索找出这株植物，大家也可以两人一组共同完成这项活动，两人相互交换线索，然后找出对方描述的秘密植物。

2.描写前我们要仔细观察秘密植物几分钟，是什么使它与众不同？如：它是否有鲜艳的花朵或有特殊标记的叶子？描写得越详细越好，想记着提示一下它生长的地方，这有助于找出它的大致方位。

3.对于头几种植物，只描述它们的某一部分（如茎、叶）。当植物只有一种特征被描述时，容易找到这株植物吗？有多少种植物符合这个描述？

4.随着活动的进行，描述这一秘密植物更多的部分和特征。是不是描述的部分越多，就越容易找到这株植物？

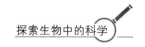

5.植物的各部分有何区别？如：我们如何区分花和叶？不同植物的各部分之间有何相似之处？尽管两种不同植物叶子的形状可能不同，怎么能分辨出它们都是叶子呢？

那只落到捕蝇草张开的叶子上的苍蝇可真不幸。如果它碰到叶子中间的三个细小的茸毛，陷阱的夹子就会关上。捕蝇草把苍蝇勒死后会分泌出消化液，把苍蝇消化掉。

我们如何辨认植物呢？植物有它独特的结构和特点，我们怎样区分不同的植物呢？我们所看出的不同植物各部分间的区别：大多数植物是绿色的，有根、茎（秆或干）、叶、花和种子，根、茎可以看作是植物的关键部分，叶和花是根茎的伸展，它们有特殊的作用。

话题：分类　植物的各部分　交流

植物的结构是什么样的？你知道我们是从植物哪部分获得食物吗？蔬菜、西生菜、大头菜是叶子，花椰菜、菜花是花，芦笋是茎，马铃薯是地下茎，胡萝卜、小萝卜、红心萝卜和甜菜是根，苹果、玉米、黄瓜、青椒和菠萝是果，花生、橡子、玉米、扁豆、麦子、稻子是种子，圆葱和蒜是球茎。

自然的松紧带

当你想到树液的时候，你可能会联想到树，但树液是一种液体，主要成分是水，在大多数的绿色植物中都可以找到，下面用树液制作一个松紧带。

材料：树液。

步骤：

1.不要从树中收集树液，因为这样做会毁坏树木。可从马利筋属植物和蒲公英中获取同样适用的树液，如果你切开这些植物，从茎或叶你能挤出一小点儿汁液，只要几毫升树液就足够了。

2.把指尖用树液涂上，涂到第一指关节处即可。

3.让树液风干几分钟，直到它变成五色为止。

4.像脱袜子一样，轻轻把手指上的橡胶套摘掉，摘掉树液后，你就会得到一个小小的松紧带。拉松紧带，它就会像其他任何松紧带一样恢复原状，但也别太用力抻它，否则它会折的。

5.扩展活动：比较用不同植物汁液做成松紧带，哪些种植物的汁液可以做此用途，哪些不能，为什么？

用动作来表示一些植物的名称，试着猜出谜底。

康乃馨　　　香豌豆

山茱萸　　　金盏花

朸兰　　　　毛地黄

凤仙花　　　樱草

椴树　　　　美国梧桐

胡桃　　　　桑树

栗子

话题：植物各部分　　植物的生长过程

在春季和夏季，树木通过根部从土壤中吸收水分和养料，水分和养料被传输到植物各部直至叶片，树叶在光合作用下，生成一种糖分，并溶解于水，这样，汁液像血液流给人体细胞一样滋润树木。在秋季，含糖的汁液流出树叶（一旦树叶脱落，汁液也随之消失），贮存在根部和树干中（成淀粉状），树木在冬季停止生长。但在早春时节，淀粉又会转化为糖，重新开始汁液的旅行。这有助于芽苞的绽放和新叶的生长。假如是一株甜枫树，你就可以经过这种处理，汁液看起来"变成"了一种类似橡胶的东西。事实上，这种橡胶状物质自始至终都存在；它微小的颗粒悬浮于水状的汁液中，当水分蒸发，这种小颗粒就聚合成一个大长条。

无处遁形的真凶

用科学的方法寻找问题的答案，常常要像侦探故事中的侦探那样进行各种调查研究。下次遇见枯死的植物，一定要找到杀死它的凶手。

材料：放大镜。

步骤：

1.找到一棵已经枯死的或正在枯萎的植物，例如一棵尽管仍未倒下，但上面已经没有树叶或其他生命迹象的老树。树干的顶部可能已经枯死，或许在大树的底下，就有枯死的大树枝。

2.猜想这株植物死亡或患病的原因。其中主要有：衰老，缺水，暴风的袭击，虫蛀，野生动物的破坏，自身的疾病和人类活动的破坏。如：一大片植物中某种杂草可能变得枯黄，这是因为它们被高大的植物遮住了阳光，夺去了养料，或是因为最近在这个区域喷射了"除草剂"。一切天然小径附近的植物可能变黄或倒在地上，这是因为人们的踩踏，或是由于植物本身缺乏能够使其保持绿色的足够的水分。

3.找一些证据来证明你的猜想。如果你认为一棵树死于衰老，那么寻找干枯的树皮或数一下树桩附近同类树桩上的年轮。如果你认为这棵树死于人类的破坏，仔细观察这个区域一段时间，看看是否有人在破坏植物。用放大镜仔细观察树上是否有蛀虫和虫洞。

4.你最初的猜测可能不正确。一棵粗壮的大树，底部被其他枝干遮住的树枝的脱落，可能并不是因为死亡，或仅仅是自然折落。你所观察的树的死因或病因只有一个吗？

话题：科学方法　植物生长过程　污染

侦探片一般都以一种非常科学的方法来解决这些谜团。这些影片通常在开始就给人们设置一个问题，作为一个案件的开头：有人被杀死？然后故事的主人公，一个侦探，仔细调查这些情况，然后做出推测，设计一种假说来解释这个案件。死因是什么？谋杀？谋杀方式是枪杀、投毒，还是勒死？影片余下的部分跟随着侦探的行踪，寻找证据来证明对这个案件的猜测。侦探将寻找作案动机、作案手段、杀人凶器等。最后，调查以抓到凶手结束，按照这样的步骤找到杀死或杀伤植物的"凶手"。

树桩的秘密

一棵树的树桩能使你了解树的内部结构，过去的天气情况以及这棵树被伐倒时的树龄。数一下树桩上的年轮，估计出树龄。

材料：树桩；图钉。

步骤：

1.观察一个树桩，数数它上面呈暗色的年轮。为了计数方便，每数十轮后，用图钉做个记号。

2.假如每个夏天形成一道年轮的话，那么当这棵树被伐倒时它的树龄是多少？如果你知道这棵树被砍伐的时间，就能算出它开始生长的时间。当你出生时，这棵树的树龄有多大？当它和你现在的年龄一样时，长得有多大？

3.树每年生长的情况一样吗？如果不一样，在哪几年这棵树长得最快？哪几年长得最慢？是什么因素导致了树层厚度的差异？树在每个方向上的长势均衡吗？如果不均衡，有什么理由认为它某边的长势要比另一边的好？

4.扩展活动：你能根据树桩，判断出树倒下时的方向吗？

5.扩展活动：可能的话，数一下一根被劈开的树干或树枝不同部分的断层数。想一想，为什么每个部分的断层数有这么大的区别呢？

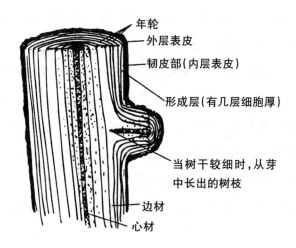

年轮
外层表皮
韧皮部(内层表皮)
形成层(有几层细胞厚)
当树干较细时，从芽中长出的树枝
边材
心材

话题：植物各部分　植物分类　测量

　　树桩和原木上的年轮实际上是木头内断层的边缘。每年在旧断层的周围都有一个新的断层形成。树在每年的生长过程中，都有浅色和深色的圆环形成，这种圆环被称作年轮。春天，树长得很快，木质呈浅色。夏天，树长得相对较慢，木头的颜色较深。根据树桩上同心圆的个数就能大致估计出树龄。"年轮"更为准确的名称应该是生长轮，因为一年之内很可能生成不止一个圆圈。夏季如果连续出现一阵冷天，就可能导致这种情况发生。在有利于树木终年生长的热带国家，树木根本就没有生长轮。树的年轮还可以提供以前的气候情况，年轮的宽度、密度和其他特征可以使人们了解到各年气候的变化情况。例如：气温较低或雨水多的年份生成的年轮相对要窄。

我们从外部看到的树干和树枝叫作"外层表皮"。这是树的坚硬的保护层。韧皮部，或称内层表皮，把树液从树叶输送到树枝、树干和树根。如果这层皮被剥去，树就会死掉。韧皮部的下面是大约有两个细胞厚的"形成层"。每年形成层向外生长，形成新的韧皮部；向内生长，形成"边材"。同时它本身也生成新的形成层，略呈白色的边材，把养料和水从树根输送到树的其他各部分。边材的某些部分可以平行地把储存的水分和养料输送到树的其他部分。树中心较暗的部分——心材，是最老的部分。心材是已经死掉的边材，已经不能再从树根向上输送水分和养料。心材主要起到对树的支持作用。

草之笛

草是一种很顽强的植物，它能抵挡各种天气及野生动物的侵袭。一边吹着小调，一边观察各种草类。

观察带有螺旋状图案的植物（例如：有些植物的叶子，玫瑰等的花瓣，松球的苞花），顺着某个螺旋数这一圈上的叶子、花瓣、花苞的个数。接着再数下一圈上的（注意：有些植物的螺旋是反向旋转的），继续下去直到数完所有的圈。通常会得到这样一个序列：1、1、2、3、5、8、13、21……序列中下一个数字该是几呢？从2开始，每个数字都是前面两个数字之和，没有人知道为什么会产生这种排列。

材料： 草；测量用的卷尺——任选。

步骤：

1.观察草类最好的办法就是拿它们做点事，既然大多数人认为修剪草坪不好玩。那就找来不同的草，用它们做哨笛吧。准备一片长15

厘米的草叶。

2.如图所示，将叶片夹在两拇指中间，叶片的边刃朝向操作者。双手手掌的两个部位很关键，要贴在一起：一是两拇指的指腹，二是拇指下部鼓起的部位，要确保叶片被这两点固定住，并尽量使草叶直挺，其余手指则可随意放置。

3.现在向两拇指间吹气，气流要稳，既不能太强，也不能太弱，反复练习直到吹出圆润、有力的笛声，调节叶片的绷紧程度，就会吹出稍有不同的笛声。有没有哪种草吹出的声音比较动听些呢？你能找到几种不同的草？

4.扩展活动：寻找草样时，测一下它们的高度。你能找到的最高的草是什么？它生长在什么地方？

▌▌▌话题：植物各部分　声音

人们通常所说的"草类植物"可能是指菅草和灯芯草。大体上，青草喜干燥地带，灯芯草与菅草性喜湿润地带，青草有节状秆。扯一片叶子，它就会在关节处断开。青草有一团很密的根须。大多数植物，都是从植株芽尖开始生长。这类植物的尖儿被动物吃掉或被人们砍掉后，植株需要很长时间才能恢复生长。而草类植物，则从根部开始生长。尖儿被砍掉后，植物会继续生长。草本科植物中的大多数

（如小麦、水稻、玉米、燕麦、大麦、黑麦）都结谷粒，这些谷粒都是食物的主要来源。

"菅草"在根部有三角形的秆。大多数菅草类植物都生长在湿潮地带。"灯芯草"的秆是圆状空心的，植秆的顶处附近开出花朵。灯芯草生长在沼泽等较湿处，这儿还有"芦苇"类植物。这通常是指一种很粗的高秆草类。最典型的要算芦苇草了。它们经常生长在水边地区或城市附近的河边湿地上。

寻祖探宗的动物

是什么使大象成为大象，金鱼成为金鱼？在这个"动物竞猜"游戏中，必须提问非常具体的问题，而回答只能是"是""不是""也许"，这是猜出谜底的唯一途径。

材料：无。

步骤：

1.选一个人做"它"。当小组长悄悄告诉大家一个动物的名字的时候，让"它"暂时离开。

2."它"回来后问大家问题，然后确定自己成为什么动物。如：这个动物长毛吗？它会飞吗？吃肉吗？它生活在水里吗？它发出低沉的声音吗？大家只能答"是""不是"或"也许"，看看他／她需要多长时间才能猜出自己是什么动物。

3.变化：加上动作使游戏更富有挑战性，也可以不断缩小范围，让别人猜出某种特定动物。如一个小组成员可以浑身抖动地站起来代表北极狐。

4.变化：在每个人后背都贴上一种动物的名字，然后小组成员混合到一起。每个人都挨个问别人一个关于自己背上的动物的问题来猜

出自己是什么动物。小组中每个人都猜出自己是什么动物，需要多长时间？

有张著名的相片，上面是一只鸟在给一条鱼喂东西吃，那只鸟是北美红雀，鱼是金鱼，地点是在池塘边，显然鸟错把张开的鱼嘴当成了自己的雏仔张开的嘴了。

小鸟根据侧影的大体形状就能认出老鹰，为了证明这一点说法，科学家们把一块形状似鸥的侧影的纸板在小鸟上方掠过，小鸟们慌慌张张地逃走了，而小鸟对不伤害它们的鸟的侧影则没有什么反应。

从杂志上剪下40种不同动物的画片。看一看有多少种分组方法，按颜色、大小、身体覆盖物（如羽毛、茸毛、鳞片）及行走方式、居住地点、食物和是否适合作宠物进行分类。

话题：分类　交流　动物特征

这个游戏综合了寻问技巧，对动物名称的知识及对细节的认识等能力，它可以简单，也可复杂，如神秘动物可以是鹿，也可以是更具体些的"白尾鹿"。

练瑜伽的动物

你能像猫一样伸懒腰，像青蛙一样蹲坐着吗？让动物来给你上一节课，学如何放松自我吧！

材料：柔软的地面。

步骤：

按下页要求试着摆一下动物瑜伽的姿势。练习这些姿势时，要慢慢地平缓地做动作，伸展肌肉直至有痛感。每种姿势保持3-10秒（具体情况可由感觉而定），呼吸应循鼻进口出原则。

被蚊子叮了，为什么发痒呢？这是因为人的皮肤对她（只有母蚊子咬人）所分泌的液体中所含的化学物质起了过敏反应。蚊子在人的皮肤上刺出一个小孔，注进唾液以便其吸血。她需要血液中的蛋白来助其孵卵。如果你在母蚊子往伤口分泌唾液之前抓住她，那你就不会感觉痒了。人们还可通过穿白色或浅黄色衣服来减少被蚊虫叮咬的概率。

　　大家都知道许多牛可称一群（a herd of cattle），你知道一群蟾蜍（a bunch of toads）被称作一群（a Kaot）吗？还有一些用来表示动物"群"的量词：a labour of moles（一群鼹鼠），a trip of goats（一群山羊），a number of crows（一群乌鸦），a pride of lions（一群狮子），a gaggle of geese（一群鹅），a sloth of bears（一群熊），a leap of leopards，（一群豹）a parliment of owls（一群猫头鹰）。

　　蛇通过扭动身体而与地面上的小石块或小土块接触所产生的摩擦力向前移动，在沙漠中，它们不能产生足够的摩擦力前进，所以一些种类的蛇，例如响尾蛇就以一种被称为"侧击"的方式，身体形成一系列的圆环移动。每一次都只用它的身体这两部分来接触地面，这样就可斜着向前游了。

话题：动物特征　人体

　　通过观察并模仿动物，人们就可以更全面地了解动物，领会动物与人类之间的异同。人类的智商可能比动物要高，但它并不意味我们不能从其他动物那儿学到一些有用的东西。

　　像鸟一样飞行：双臂放松，放在身体两侧，上身向前倾斜，双臂慢慢向上尽可能高地抬起，保持一会儿再放松至站立状态。

像水母一样放松：身体平躺，闭上双眼，放松每一块肌肉，假想你的身体是由浆汁组成，慢慢深呼吸几分钟。

像狮子一样打呵欠：臀部坐在双脚上，双手放到膝盖上，睁大双眼，张大嘴巴向前倾，舌头尽可能地向外伸，大声吼一声，坐好并放松。

像骆驼一样跪下：跪于地上，左右手分别搁在左右脚跟上，挺胸、仰头，直到胸部冲向天空，保持几秒钟，再返回跪的状态，双手从脚跟上拿开，轻轻地后仰，一条手臂由头顶向后伸直，再伸另一条，放松至跪的状态。

像猴子一样走路：直立，向前倾直至双臂着地。保持两腿绷直，尽量伸直双腿利用四肢走路，注意双膝离地。停下来，慢慢抬起身体，保持双腿伸直至双手离开地面，返回站立状态。

像鹤一样保持平衡：双臂垂直置于身体两侧，直立，慢慢抬起一条腿，用另一条腿保持平衡，轻柔地弯曲着地的腿，双手食指伸向鼻子，然后双臂向上伸展，保持几秒钟，返回站立状态，换腿。

像猫一样伸展：四肢着地，保持背部舒展，慢慢向上拱起后背、压低，一条腿后蹬至伸直，保持几秒钟，再蹬另一条腿，放松至起始状态。

像眼镜蛇一样摆姿势：腹部着地趴下，双手移至肩下，撑臂，抬头挺背直至双臂撑直，保持几秒钟，放松。

像青蛙一样坐立：脚掌相对，双膝朝外坐下，双手轻轻把双脚移近身体，保持后背挺直，双膝下屈、放松，恢复正常坐姿。

动物的能力

某些种类的动物之间有许多相似之处，但是每一种动物又都有它们各自的特性，试着比较你与某些动物的能力。

材料：粉笔；测量带；墙壁；秒表或以秒计的手表。

步骤：

1.屏气：你能屏气多长时间？若感不适，则不要坚持！一条抹香鲸能屏气一个小时多。鲸之所以能如此，是因为它们必须潜到海底寻找食物。

2.跳高：在墙壁1米高的地方用粉笔画一条线，不加助跑，原地起跳，你能跳到脚碰粉笔线吗？有一种红色的袋鼠可以向上跳3米，向前跳出12米以外，这种跳跃能力帮助它们逃脱其他一些食肉动物的追捕。

3.跳远：从原地向前你能跳多远？一只美洲豹可以跳9米远，5米多高，这种跳跃能力帮助它们捕捉猎物。

4. 20米速跑：你跑20米需多长时间？一

根据身体大小的比例来看，地球上最强壮的动物是昆虫类。实验证明，一只大黄蜂能够拽动一辆是它体重300倍的玩具汽车。

种猎豹可以在1秒钟之内跑完这段路程，它是陆地上短距离奔跑最快的哺乳动物。在170米至280米之间，它能达到100公里每小时，这种特性能帮助它捕食猎物。当然猎豹也不能在起跑时就达到这种速度，为了让这种比较更实际一些，你可能会要求计量40米速跑中后20米时的速度。

5.90米速跑：你跑90米需多长时间？一种尖角鹿能用3.5秒跑完，它是陆上长距离奔跑速度最快的哺乳动物。在6公里之内，它能很轻易地达到55至70公里每小时的高速度，若距离稍近，则能达到90公里每小时，这种奔跑速度能够帮助它逃脱其他动物的追捕。当然，尖角鹿也不能起跑时达到这种速度，为了让这种比较更实际，你可能会要求计量110米速跑后90米的速度。

话题：动物特征　人体

人和动物相比较如何？一些动物又是怎样和另一类动物区分开的呢？很多动物之间存在着一些共性，例如：哺乳类都属温血动物，它们绝大多数通过分娩生产，再用乳汁哺养幼子，人类也属哺乳类，就连微小的以昆虫为食的地鼠同样也属哺乳类，所以你和地鼠也有一些共性，彼此都属杂食动物。但是地鼠有一些特性可把人类与之区分开，那就是地鼠比一个便士还轻，而你则可能有30-35公斤；地鼠新陈代谢的速度较快，它的心跳频率、呼吸频率及其他身体功能都要比人体快，如果6小时不进食，它就会饿死，而人则可延续一个月；地鼠的寿命只有一年，而人很可能活动70或70以上。把你自己和一些动物加以比较，可以帮助你更好地了解所有的生物。

动物进行曲

如果你是一头母牛，你会发出怎样的声音？如果你是一只大象呢？动物可以通过它们发出的声音而被区分开来。

材料：无。

步骤：

1.组织者在每个人的耳边轻轻告诉他们任意一种动物的名称（如：老鼠、猫、狗、驴、母牛、猫头鹰、大象、猪）。

2.每人给几分钟时间练习他们将要模仿的动物声音，然后让他们一起发出声来。

3.参加者按照那些动物体积从小到大的顺序站排，模仿动物的发声。

话题：动物特征　交流　声音

许多动物通过气味进行交流，例如狐狸或鹿的尿味能告诉别的动物，它是否生病，是否要生产或是否强壮。

即使你在距一只雄性甲虫几米远的地方放一个特别敏感的麦克，你也听不到它轻轻敲打石头的声音，而一只雌性甲虫所发出的求爱信号能传到7公里以外的雄性甲虫那里。

动物尤其是鸟类能通过它们独特的声音被发现或区分出类别，一些动物在交配季节会发出独特的声音。这项活动不仅要求人能够辨别声音，还要想象出是属于哪一类动物并把它们和其他动物相比较。

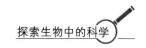

物种大迁移

大家都知道，很多鸟类到了秋季就要向南飞，其实很多动物也是如此。做一做这个迁移竞赛，速度在这里只是一个因素。

材料：测量用的卷尺。

步骤：

1.建立一条不短于50米的跑道，参赛者需从它们夏季北部的巢穴（起点）迁移到冬季南部的新巢（终点）。

2.所有参赛者在起跑线处站成横排，组织者喊出一种动物的名称，每一参赛者都必须模仿这种动物移动的姿势向终点迁移。例如喊出的动物是鸭子，每个选手都必须一摇一摆地走到终点，第一个到达的"鸭子"被称为了不起的鸭子。

3.因为鸟类是最常见的迁移群，你可以先从模仿鸟类开始，然后再到别的动物，例如：蛇、毛虫、鱼、野狗、袋鼠、海龟、野兔、龙虾。

4.改变规则：参赛者在同一场竞赛中模仿不同的动物。

5.扩展活动：告诉参赛者一些导致许多动物在迁徙过程中不能存活的危险。在跑道上标出一些记号，并在两边设边界。让3／4的选手仍然参加比赛，其余的充当障碍。充当"障碍"者用一只脚固定站在跑道上，用另一只脚试着阻拦迁移者。如果迁移者被拦住或倒地，他们就算"死"了。

话题：鸟类　动物特征

世界上有1／3的鸟类随着季节转变而迁移，例如：加拿大大雁发出独特的叫声，在天空中排着"V"形向南飞，领飞的头雁由群雁交替飞在"V"形尖端充当。科学家们认为"V"形可以减低空气的阻力，使后面的雁飞得轻松一些。雪雁排成"U"形飞行并发出像猎狗一样的尖叫声。当成千的雁子聚集在电线上时，你可以断定它们将开始迁移了。有一些鸟只进行短距离迁徙，但绝大多数每年要飞几千公里。北极燕鸥是长距离迁徙鸟类中的冠军，它们住在北极圈附近，但它们每年要飞20000千米到达澳洲以南的南极圈。

大多数鸟到了秋季要从北方迁出，因为寒冷的冬天给它们带来很多问题，没有足够的食物，白天变短又意味着更少的时间可以觅食，而且它们还需要更多的能量来保持温暖。陆地鸟类通过眼睛辨识山河湖海来指导它们的迁徙。此外它们还可以通过太阳及星辰的位置，地球引力，空气温度及飞行中气压的变化来指导迁移。迁徙是一件极冒险的事，总有千百万的鸟儿根本到达不了目的地。强风会把它们的队伍吹散，而它们根本没有能力或气力重新归队；同样，浓雾也会影响它们的方向感。在有雾的夜晚，一点点光都有可能误导它们，所以它们经常会撞到高大亮灯的建筑物上。

　　除鸟之外，还有许多动物或飞、或跳、或游、或爬到它们冬天的巢穴。青蛙从它们冬天的巢穴跳相当于一片小区长度的距离以到达春天产卵的池塘，但即便是这么短的距离，也要花费它们好几个小时。最有秩序的迁移群是龙虾，它们彼此头尾相接从海床上慢慢迁移。最具恒心的迁移群是袜带蛇，即使它们要通过一个热闹的城镇，也不会阻止它们的行程。每年两次，居住在莫乌德·蒙里托巴的居民，由于蛇群迁移都不得不绕行。

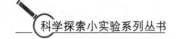

鸟儿鸟儿快快来

你曾经想过要和动物交谈吗？你也许做不到这一点，但是你能招呼它们，这种喊鸟的哨声只要你动动嘴就行了。

材料：鸟类鉴别指南——任选。

步骤：

1.招呼鸟儿最好的时机是当你看见或听见它们的时候，你可以或站、或坐、或跪在一片灌木丛或树林中，把自己隐藏起来，但一定要保持绝对静止，鸟儿也会选择一些地方栖息。

2.鸟哨是由一系列"咕咕"的声音通过旋律性的重复而组成的，不同的鸟儿会对不同的旋律做出反应。下面有三种简单的旋律，你可以先试一下。

咕咕……咕咕……咕咕……

咕咕……咕……咕……

咕咕……咕咕……咕咕咕咕

每一组声音需持续3秒钟左右，每一组重复2-4遍，但试着改变旋律以吸引其他类别的鸟。

3.如果鸟儿被你的哨声吸引，它们就会快速飞过来，一些有可能

小心谨慎地慢慢靠近你，另外一些会停留在附近的树梢上观察发生了什么事情。

4.一旦鸟被你吸引，周期性地重复哨声以让它们离你更近。

 话题：鸟类　交流　声音

除了昆虫，生活中最常见的动物是鸟类。"鸟迷"们很久之前就发现鸟是很漂亮很优雅的动物，很吸引人的注意力。前文描述的鸟哨能吸引很多的小鸟，如：橙鸟、鹪鹩、麻雀、鸣鸟、䴓蜂鸟及金劳。一些自然学家认为这种"咕咕"的声音和许多鸟的叫声很相似，所以能够吸引它们；另一些人则认为这种声音听起来很像鸟妈妈在唤小鸟吃食；还有一部分则认为这种声音只是激起了鸟的好奇。鸟的叫声还能起到保护自己的控制区、警告和求爱的作用。

在地球上所有的动物中，只有一些鸟类能模仿人类的声音，它们同样还能模仿一些别的声音。有一些鸟可以模仿人声达到让你真假难辨的程度，这些鸟包括寒鸦、喜鹊及一些乌鸦，当然最有名的还是鹦鹉家族中的一些成员。非洲有一只灰色鹦鹉，它是模仿人声的世界冠军，会说将近1000个单词。

昆虫窃听记

为什么不改变总是昆虫听你谈话的情况，而去"窃听"昆虫的对话呢？用一个简易的盒子去听被放大了的昆虫的声音。

材料：纸杯或泡沫杯；蜡纸；橡皮筋。

步骤：

1.用杯子扣住你要听的昆虫。

2.把蜡纸盖在杯子上，用橡皮筋固定好。蜡纸一定要铺平拉紧。

3.把杯子放在耳边听昆虫翅膀的拍打声。你能随着拍打的节奏哼唱吗？听完后小心地把昆虫放走。

4.不同昆虫发出的声音一样吗？它们听起来有什么不同？你能模仿听到的声音吗？

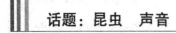

话题：昆虫　声音

昆虫扩音器扩大了昆虫翅膀拍打声。扇动的翅膀使扩音器内的空气流动起来，这样空气的流动又使盖杯子的蜡纸发生震动。适合在盒子里做实验，同时也很容易捕捉到昆虫就是蚊子。蚊子的翅膀每秒扇动300下，蜜蜂250下，苍蝇190下。

静静地坐在外面听昆虫的声音。你能模仿听到的声音吗？

大多数人不喜欢昆虫，这也许因为昆虫是地球上与人类差异最大的动物的结果。昆虫还传播疾病，又咬又叮，毁坏庄稼，糟蹋像面粉和大米等储备粮食。但昆虫也有许多益处：很重要的一点是它们可以给植物传粉受精；有些还能产生像蜂蜜、蜡、丝等有用的东西；有些昆虫还能控制害虫（如蜻蜓吃蚊子）；它们是许多动物的美食；有些可以用来治病救人；它们还是环境污染的指示器。

群蜂狂舞

有些动物是用声音来交流的，还有些靠的是气味，而蜜蜂却是用舞蹈来交流的。下面试着跳跳蜜蜂舞。

圆形　　　　　　　　　　　　　　　　　　　　摇摆

材料：无。

步骤：

1.练习两种基本的蜜蜂舞：圆形舞和摇摆舞。这两种舞之间是相互联系的，这点可以从上图中看出来。从圆形舞跳到摇摆舞，然后再跳回来。

2.先绕小圈跳，然后再绕大圈跳。哪种方法跳起来更难些？

3.变化：集体跳蜂舞。大家组成人链，一起学蜜蜂跳舞。

4.扩展活动：两人一组，其中一个人选定一个地点作为想象中食物的位置，然后通过跳蜂舞来告知同伴食物的所在地。如果食物在10米远的地方，跳圆形舞；如果食物在100米远的地方，跳摇摆舞。若食物在10米—100米之间，要混合跳这两种舞。混合舞的具体跳法要视距食物的距离而定。

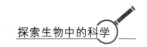

话题：昆虫　交流

　　蜜蜂各尽其责，过着群居生活。每个蜂群中的蜜蜂由一位蜂王领导，她一生都在孵卵。蜂王通常能活3到5年，然后由一个新蜂王取代她的位置。从蜂卵长到成蜂需要21到24天。

　　一个大的蜂群在最多时可以有成千上万只蜜蜂，这当中只有几百只雄蜂。它们是蜂群中仅有的雄性蜂，雄蜂的职责就是给蜂王授精。雄蜂没有蜂针，要靠工蜂提供食物和保护。工蜂长有蜂针，负责管理蜂房和采集花蜜。蜜蜂的蜂针有倒钩，一旦刺进去就拔不出来了。蜜蜂挣脱时，它的整个蜂针都会拔掉，因此它蜇人后不久便会死去。蜜蜂（和黄蜂）只有在遭到骚扰或恐吓时才会蜇人。

　　蜜蜂在花朵中穿梭往来，采集花蜜，起到了为花传粉受精的重要作用。蜜蜂要在花丛中往来上千次，才能酿出一匙蜂蜜。蜜蜂通过跳舞这种复杂的交流方式告诉同类花蜜的种类和位置。蜜蜂还能用太阳来做指南针，来指示方向。即使在雾天，它们也能看到太阳。

猎食者与被狩猎者

　　以捕猎其他动物为生的动物和被它们捕猎的动物都具有特殊的适应能力。下面做捕猎者和猎物的游戏。

　　材料：遮眼布；早餐麦片；几张纸。

　　步骤：

　　1.狐狸和老鼠：两个人站在由人围成的圈里。一个人扮作狐狸，另一个人扮老鼠。把两个人的眼睛都蒙上。在这个游戏里，狐狸要捉住老鼠，而老鼠要尽力避开狐狸。"它们"只能靠听觉来帮助自己。听觉对动物的生存有何重要作用？还有其他哪些感觉器官很重要？猎物用什么办法逃生？食肉动物用什么办法捕捉到食物？

　　2.鹿：大家跪在一张放满早餐麦片的纸片前，假装是一群在开阔地上吃草的鹿。他们垂下头装作吃草。一个人扮作警戒哨，在人群中慢慢地走动。当"头羊"发出一个微妙的信号（如微笑）时，警戒哨站立不动，并举起他或她的手。正在吃草的鹿必须立刻不吃了，并跑向预定的安全地带。大家都跑到安全地带需要多长时间？一面吃草，一面又要保持警惕是不是很困难？何种特殊的适应能力对鹿有用？灵敏的嗅觉或听力，或者快速奔跑的能力会有什么帮助作用？鹿用什么办法来逃生？

话题：动物特征　感官　生态系统

　　猫头鹰是一种不挑食的动物。它们几乎是整个地把食物吞下，但猫头鹰无法消化动物的皮毛和骨头，因为这些东西无法通过它的消化系统。因此在美餐后大约12个小时后，猫头鹰会咳出一个"小团"。小团中是一种或几种小动物的皮和骨头（可以像拼图一样拼起来）。猫头鹰咳出的小团都呈深灰色，长为4至8厘米，直径为2至2.5厘米。在废弃的建筑物的地面上，高大树林的底下，或其他能为猫头鹰提供避开目光的栖息地的建筑物下，找一找猫头鹰咳出的小食团。

　　为了捕捉猎物，食肉动物必须要成功地适应周围的环境，否则它们就会饿死。例如：熊必须准确判断出鱼在水中的位置，然后才能把它们捞出来。鸟类长有敏锐的眼睛，能够帮助它们找到小虫子。猫头鹰和狮子的眼睛长在头部的前面，这有助于追踪它们捕捉的小动物。被捕猎的动物也具有特殊的适应能力。如敏锐的感知能力，尤其是听力和视觉，能够帮助它们及早地警觉到有天敌向它们逼近。老鼠、松鼠和鹿的眼睛长在头部的两侧，有利于它们发觉潜伏在任何方向的天敌。

复杂运动

复杂的活动

"Botany"（植物学）一词来源于希腊语，意思是指对植物进行科学的研究，它是生物学的一支。在显微镜尚未发明之前，植物学家只能观察，比较植物的可视自然特征，但现在显微镜已带领植物学家进入了解剖和细胞领域。

是蔬菜，还是水果？很多植物属于蔬菜类，而水果是产籽植物的特殊一支。植物被注以花粉之后，花朵就从"吸引者"变成了"保护者"。此时，种子就在花的内壁里生长。有些植物的细胞壁变成了厚而多汁肉的水果。以下这些是水果还是蔬菜：黄瓜、樱桃、葡萄、西瓜、菜豆、香蕉、西葫芦、西红柿？

在加拿大北极区，生长着一种数量极少的一百年才长 0.5 米的云杉。

试着把野花和花园内的花做成干花。把 6 份玉米粉和 1 份硼砂调制在一起，倒入一广口瓶。摘一朵有长茎的花，并把茎朝上轻轻放入调好的混合物，一定要使花完全浸在混合物中，就这样大概两周之后，你就会拥有一朵漂亮的干花。

土豆是继小麦、玉米、水稻之后居世界第四位的主要食品来源，但它每英亩的产量都要高于其他三种产品。土豆和牛奶制品一起构成了富有营养的一道食物。欧洲人是土豆最大的消费者，比如，德国人平均一年吃大概170公斤大豆，美国人只吃大概50公斤。据科学估计，世界上大概有10000种土豆。除了吃，土豆也可用于造酒，然后可以用作燃料。

几百年以来，欧洲人并不吃西红柿，因为他们认为西红柿有毒。法国人仅把西红柿作为一种业余爱好种植，并把它称为"爱之苹果"（只作观赏而不吃），西红柿另有一名"狼桃"（虽美却有害）。即使这样，秘鲁和厄瓜多尔的印第安人几千年来都以西红柿为食，很快这一习俗传到了欧洲和北美。

动物学是对动物的科学研究。它是生物学的一个分支，是科学地研究生物的一门学问，现代动物学研究细胞的构造和功能以及动物及人类心理与生态的关系。

生物和非生物的区别是什么？生物有5个最基本的循环：新陈代谢、呼吸作用、排出废物、生长和繁殖。

猫总是爪子先着地的，它有着令人吃惊的平衡能力，这是因为它们的内耳有非常敏感的平衡能力，并且它们的身体很柔韧。

鸟类不能忍受大蝴蝶的味道。蝴蝶有这样的味道是因为当它们是蛾的时候，它们吃马利筋属植物。由于美洲产的一种红黑色蝴蝶非常像大蝴蝶，所以鸟类也同样远离它们，尽管对鸟来说，它们是一种难得的美味。

毛毯甲壳虫是一个很好的清洁工，它什么东西都能吃，即使是毛毯也能吃（除了骨头）。它最喜欢的食物是别的生物不能吃的腐烂的残渣。

有许多词被用来形容动物的幼仔。每个人都知道猫仔叫 Kitten，但你未必知道幼天鹅叫 cygnet，幼鼠叫 joey，幼火鸡叫 poult，幼鲭鱼叫 spike，blinker 或 tinker。Whelp 是小狗或小老虎的别称，猪仔叫 shoat 或者 farrow，狐狸仔叫 beaver 或 rabbit，小猫仔叫 kit。

你知道它是谁吗？

所有生物都可以被划分进两大王国：植物王国或动物王国。下面用一个简单的植物辨别线索来给植物分类。

材料：卷尺；放大镜——任选；植物识别指南。

步骤：

1.植物还是动物？参加游戏的人分成两队，一队代表植物，另一队代表动物，两队面对面站好，距离3—5米远。在各自队伍后大约30米的地区划出一个安全区，由一个领导叫出一种植物或动物的名字。如果叫的是动物名称，全部植物组成员去追逐动物组成员，直到全部动物组成员进入他们自己的安全区。如果被叫的是植物名，那么植物组成员就往自己的安全区跑，那些被另一组抓到的同学就成了对方组的成员。区分什么是植物什么是动物容易吗？原因何在？

2.搜寻植物：在后院或公园里寻找，看看能找到多少种不同的植物，请使用下一页的植物简介来区分植物，请仔细观察一个植物标本。可能的话也可使用放大镜，看看这种植物是属于四个植物门中的哪一个，如果你认为那是一个特殊的不属于任何一门的植物，那你可能是做错了，请从头再来一次。如果同一点上有两种选择，请在两方面都仔细考虑一下，再找出最有可能的那一个。如果想更精确地区别一种植物，请参照植物识别指南。

话题：分类　植物的各部分

植物与动物有何区别？植物只能生活在固定的位置而动物却通常可以来回运动。植物可以为自己制造食物，而动物只能通过吃植物或其他动物来摄取食物。大多数植物含有叶绿素，因此，是绿色的植物通常有枝杈而动物有坚实的身体。植物具有坚实的含有植物纤维质的支撑作用的细胞壁，而动物没有。最后，植物不像大多数动物，它们没有神经系统和感觉器官。

一棵植物的形体可能很微小而且结构也很简单（如海藻），它也可能是一个多细胞的复杂的系统（如树）。"分类是建立在等级基础上的对植物（动物）的区分。"用超市举例就能使你很容易明白什么是等级。当你进入一家超市后，你做的第一个决定是买食品还是非食品？你选择了食品，随后你需选择的，是买肉还是买蔬菜，你走向了肉食部；在那里，有很多可供选择的东西：牛肉、猪肉、小牛肉、鸡肉，你决定买牛肉；然后，该决定买哪一种牛肉；汉堡，牛排，牛肋骨，你决定买汉堡。你的所有选择可以按越来越具体的顺序排列：食品+牛肉+汉堡。科学家也采用了同样的方法来排列植物和动物。现代分类学是建立在18世纪瑞典植物学家卡诺罗斯·莱尼尔斯的工作基础上的，他把生物划分成8个不同的层次：界；门；属；目；子；类；种以及异类或良种。

一个"细胞"是组成植物和动物的最小单元，它能完成像制造能量和再制造这些基本的生命程序。一个细胞包含三个重要部分：细胞质；细胞膜；细胞壁。它包围着细胞质，构成了细胞外层的壁；细胞核，它是细胞的控制中枢。植物细胞也只有一层由细胞膜质组成的较厚的细胞壁。

植物的世界

科1——菌体（叶状体）（最初级的植物）： 虚根、虚茎、虚叶，没有循环系统，没有种子和花。许多有一个虚茎支撑，使植物能够在地上或岩石上生长。细分：水藻（含有叶绿素，并能通过光合作用形成食物；许多是水栖的；靠颜色分类：蓝绿色、绿色、褐色、红色如海藻。）、真菌（不是绿色，没有叶绿素，不能进行光合作用形成食物，并且从其他腐烂的植物中获得有机物，如菌类植物，霉菌、酵母、马勃）、地衣（水藻和真菌生活在一起，真菌为水藻提供生活场所和适当的湿度，水藻通过光合作用，为真菌提供有机物质）。注：虽然真菌和地衣都和植物有密切关系，但许多现代分类法把真菌归为植物王国而不同意把地衣归属于植物。

科2——苔藓植物（欧龙牙草和苔藓）： 没有根和循环系统，根被像线似的假根所代替，这个假根用以支撑植物体，人多数生长在潮湿、阴暗的地方，但是有一些苔藓生长在有阳光直射的高地。细分：欧龙牙草（小、宽而平的绿色植物）；苔藓（微小的，直上的茎被许多小叶包围）。

科3——蕨类植物（蕨类植物、马尾、石松）： 真实的根、叶、茎，茎中有导水管。细分：蕨类植物（当蕨类植物从地面上冒出来的时候，它紧紧地弯曲，像小提琴的末端），马尾、石松（与真正的苔藓没有关系，用水平表面爬行的茎在地面匍匐生长）。

科4——孢子植物（种子植物）： 最大的分类，种子植物有真正的根、茎、叶。细分：裸子植物（意思是裸露的种子，种子没有外壳，存在于球果外壳之间。裸子植物包括所有的常青针叶树如松、云杉植物、雪松和铁杉属植物）。被子植物（种子在花中形成，后来成为一个果实，它是唯一的带花植物），关于被子植物的特别注释：它分成两类。单子植物有狭叶和子叶（如草、洋葱、百合属植物、棕榈），双子植物有宽阔的叶子，属于开花植物，种子有果实覆盖（如落叶树、野花、水果和蔬菜）。

简单的植物辨别线索： 把下面提供的线索同一些亲身观察联系在一起，将能帮助你辨别植物。使用下面的线索时，需要先进行一些练习。先从第一点开始，认真阅读a和b部分，如果a适合，它将告诉你下一步去哪（如到2）；如果b适合，它将告诉你去别的地方（如到4）。注：记住一些植物由于季节限制，可能没有花和果实。

1.（a）没有明显根、茎、叶的初级植物→到2。

（b）有根、茎、叶的植物→到4。

2.（a）生长在水中或非常潮湿的地方的简单颜色的初级植物→水藻。

（b）如果不是→到3。

3.（a）一种褐色、黄色或白色的陆地植物→真菌。

（b）生长在岩石、建筑物和树上的一种简单的干燥的有皮的植物→地衣。

4.（a）一种小的陆地植物，有8厘米高，可能有孢蒴→到5。

（b）如果不足→到6。

5.（a）一种微小的带叶的直立生长的植物，叶长在茎的周围→

苔藓。

（b）中长在非常潮湿的地方一种小的、平的、带形的植物→欧龙牙草。

6.（a）一种带叶的绿色陆地植物（小的时候长有紧紧地缠绕在一起的绒毛状的叶子，在春天伸展开）能长到2米高，可能有孢子但没有花→蕨类植物。

（b）有直立的茎的带叶的陆地植物，在不同的季节有蓓蕾、花、果实和球果→到7。

7.（a）植物的种子在球果中。不在果实中→裸子植物。

（b）开花植物种子在果实中→被子植物→到8。

8.（a）有狭叶和平行脉络的植物→单子植物。

（b）有宽阔的叶和网状脉络的植物→双子植物。

加工的美味食物

绿色植物在它们的叶子里有一个小食物加工厂。试一试这些吸引人的小研究来揭示光合作用和食物的合成过程。

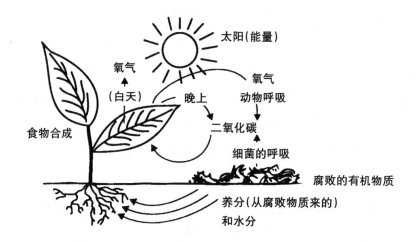

材料：叶子；乙醇；回形针；容器；硬纸板；剪刀；石油膏（如凡士林）；沸水——任选。

步骤：

1.绿叶的阴暗程度：采集一些叶子。根据叶片绿的程度排列叶片（从浅到深）。为什么不同的叶片有不同的明亮程度？在哪儿找到的叶片和叶片的深浅程度是否有一定联系（如：在一棵树的顶枝或在阴暗的灌木丛)?

2.提取叶绿素:将一片新鲜叶片和少量的酒精放在一个容器里(注意:先将叶片浸泡在沸水中可以加速提取)。过几小时检查一下叶片。此时,叶片的叶绿素溶在酒精里。试着用多种叶片做这个实验。

3.隔离阳光:剪几片硬纸板,每张正好能给灌木或者树的叶片打一个补丁。用回形针将补丁与叶子固定好。经过四天到一周,拿起硬纸壳,观察时会发现叶片上有颜色稍浅的地方。硬纸板阻挡阳光照射到叶片上,因而不会发生光合作用。

4.堵住二氧化碳:植物通过气孔能获得大部分二氧化碳。叶片表面另外一个重要的部分是表皮,一层蜡状覆盖物。表皮是防水的,它使水分保持在叶片里;它还是透明的,这样能使阳光通过。把石油膏涂在一片叶子上。石油膏会堵住气孔,但是像表皮一样的,它会让阳光通过,几天过后叶子会发生什么变化呢?

这种情况在一年中的其他时间会发生吗?

▌ 话题:植物成长过程 生态系统 植物的各个部分 大气 化学反应 能量

绿色植物是自养型生物(自给供给养料),叶片在来自太阳的能量,来自土壤的水分和养料,来自空气的二氧化碳和叶绿素(一种存在于叶片和植物其他部分的绿色物质)的帮助下,生产出由糖和淀粉组成的食物。这种食物通过树液循环到植物的各个部分。部分食物立即被植物用来作能量消耗,一些被送到根部储存起来,一些被用来生产植物自身（根、叶、茎和果实）。食物的生产过程叫光合作用。如果你撕开一片树叶，近看撕开的地方，你应该在叶片下部看见一层薄薄的膜状物。如果你将它放在显微镜下，你能看见一些小孔，这些小孔被叫作"气孔"。植物就是通过这些气孔呼吸的，在光合作用中，植物吸入二氧化碳，排出废物和氧气。动物和人所需氧气的大部分是植物制造的。在夜里，当没有阳光时，光合作用无法进行，植物会放出二氧化碳，人类当然继续吸入氧气和呼出二氧化碳。

揭秘空气调节器

植物的功能与空调一样，水从叶子蒸发出来后，周围的空气就变冷了，用一个塑料袋来试试叶子能蒸发出多少水。

材料：塑料袋；小卵石；系带；量杯。

步骤：

1.找一棵苗壮的树或一丛葱郁的灌木。往塑料袋内吹气以检查它是否有洞漏气，检查完毕之后，把袋套在有树叶的小树枝上，并查点包在袋内的树叶的数量，随后在袋内放入一块小卵石，以便袋能往下垂，然后用一根绳子把塑料袋紧紧系在树枝上。

2.24小时之后查看塑料袋。为什么袋内会有水出现呢？

3.小心地把水从塑料袋内倒入量杯，看看树叶上一共蒸发出多少水？通过套在塑料袋内的树叶的数量来把水分成小份，以便大概估计一下一片树叶能蒸发出多少水分？

4.仔细查点一棵小树上的叶子数量，并把每片树叶上蒸发出的水分乘以叶子的数量。看看这棵树一天能蒸发多少水分。蒸发对森林地区的温度和湿度有何影响？在污染严重的市区，树干对环境起到了什么作用？

5.扩展活动：比较白天和夜间树叶所蒸发的水量的不同，以及阴天和晴天蒸发的水量的区别。

> 如果你和植物交谈，它们会做出反应，而当你说话时，你呼出了它们所需的二氧化碳和水。
>
> 捕蝇草是一种美丽可爱的小型植物，它的叶子紧紧伏在地表，并长有很多小毛，每一根毛上都有很多黏糊糊的液体小滴，这些小滴像露珠一般闪光，因而得名。掉到它毛上的昆虫被黏糊糊的液体给困住后，小毛开始变弯把昆虫包起来，最后，昆虫就被它消化了。

话题：植物生长过程　测量

植物根部从土壤里吸收水分时，"蒸发"就开始了。水分经由植物的主干、枝干一直到了叶子。在叶子中，植物用一部分水制造和维持生长，但叶子内所含水量比植物所需的水多得多，于是，那些多余的水分就从叶面上蒸发到空气中了。水蒸发时，从液体转化为气体，这一转化需耗费叶子周围空气中的热量，从而导致了空气变冷。在晴朗酷暑的天气中，一棵大树能蒸发出很多升的水，但沙漠植物（如仙人掌）已适应了沙漠气候，并不像别的植物那样蒸发那么多的水分。蒸发造成的拉动力是液体从根部往上升的原因之一。毛细作用是产生这种现象的另一种原因。

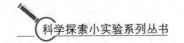
叶子的不同之处

叶子形状各异，大小不同，叶边也不同。试着观察你周围的叶子。

普通叶子

材料：直尺；纸；笔。

步骤：

1.仔细观察插图所示的普通叶形及叶边。

2.观察你家后院或公园内的叶子。切记——绝不能摘树叶！你发现了多少种不同的叶形和不同的叶缘？有没有找到齿状叶子？找到单叶、复叶了吗？

3.比较叶子的不同。在你周围，什么样的叶形最普遍？最常见的叶边是什么样的？大多数叶子是单叶还是复叶？同一棵树同一树枝上的叶子完全相像吗？不同的叶子各有多少叶脉？触摸叶面叶背在感觉上有什么不同？

4.测量不同叶子的长度。叶子一共有多少种不同的长度？哪种长度最常见？哪种长度最罕见？为何叶子长度不同？你所找到的最长最宽的叶子是什么的叶子？

5.变化：准备一套从你家周围集来后制成的叶子拓印图，并把它们与真叶子进行一对一配对。

常见叶形：

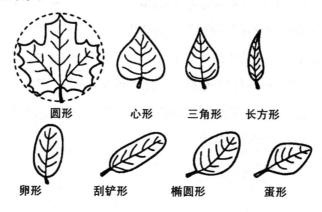

| 圆形 | 心形 | 三角形 | 长方形 |

| 卵形 | 刮铲形 | 椭圆形 | 蛋形 |

常见叶边：

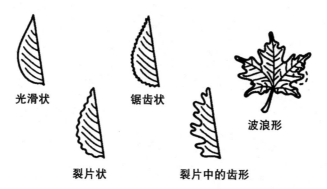

| 光滑状 | 锯齿状 | | 波浪形 |

| 裂片状 | 裂片中的齿形 | |

话题：植物组成部分　植物分类

一片典型的叶子包括叶片、连接叶片和树干的叶茎。叶子形状各异，虽然一些叶子具有光滑的叶边，但大多数都有不同程度的齿状叶边。有时，你能在叶子较大的裂片上发现齿状物（裂片有主叶脉）；而齿状物只有附属叶脉。叶子有两种基本类型：单叶和复叶。一片单叶通常包括叶片、叶茎及叶茎底部的叶芽，而复叶通常具有两片或更多的小叶和在单茎底部的叶芽。要分辨清叶子和小叶，主要看叶芽，但小叶却没有。在植物外形，尤其是树形的形成过程中，叶子起了重要作用，一部分树只有少量树叶，树叶都能被看清；其余的树上树叶形成了密密的屏障，遮住了大部分树干，当树叶在冬天飘落之后，这些树看上去完全不同于从前。

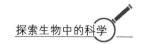

花儿朵朵向太阳

停下来闻闻花朵的气味！同时，仔细观察一下花朵的不同部分，比较不同类型的花朵并研究授粉过程。

材料：花朵（例如百合花、郁金香、紫罗兰）；小刀；放大镜；植物鉴别指南——任选。

步骤：

1.从仔细观察和解剖一朵花开始。百合花和郁金香是比较容易解剖的花朵。如果选择野花来解剖，最好用紫罗兰。选择紫罗兰不会伤害这个物种，因为它们有第二朵小花，这个花朵藏在植物的茎部，如果主花消失了，它就会长出来。

2.首先，细心地摘去花瓣，这是解剖花朵的第一步。花瓣摸起来是什么感觉？它们是什么颜色？所有的部位颜色都一样吗？第二步，寻找雄蕊或雌蕊。将它们画在图上进行比较。你能找到所有的部分吗？切开一个子房看看雌株（它们将长成种子）。

3.到一个公园或者其他有花园的地方。你能找到多少种花？记住只是看，不要采花或者践踏它们。

4.从一种花中找出三朵做样本。数一下每朵花的雌蕊、雄蕊、花瓣和花萼的数量。并不是所有的植物都是一样的，各部分的数量是可以变化的。所有的部分看起来都一样吗？所有的花瓣的大小都一样吗？所有的雄蕊都是同样的形状吗？花萼是什么颜色的？

5.试着演示授粉过程。把你的手指当作一只昆虫。你来到了一朵花前采取花蜜。你偶然碰到了花粉囊，仔细观察你手指上黄色的粉状的物质。然后你的手指飞到另一种植物上采更多的花蜜，这时花粉便会随着在另一朵花的柱头上。这样就完成了授粉。

6.观察花朵为帮助完成授粉是如何生长的。以金鱼草为例，一只进入花朵里采蜜的昆虫首先必须刷过花朵的柱头（在那里昆虫停留或者采花粉）。依靠昆虫完成授粉的植物大多色彩艳丽并且有味道甜甜的花蜜吸引昆虫。风媒植物没有这种必要。它们有长出花朵的雄蕊或具有强壮的分支众多的柱头。花粉粒通常是小而轻，而且是干燥的。

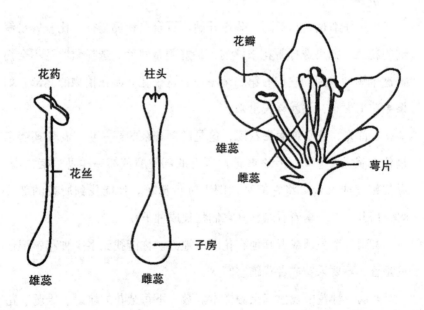

话题：植物的各个部分　植物生长过程　昆虫

花朵是开花植物负责再生的那一部分。雄蕊是雄性的，产生花粉的那一部分。它由花粉囊（小的，口袋状结构）和花柱（线状物）组成。雌蕊是雌性的，产生种子的部分。它由柱头和子房（内空结构，在其底部有卵细胞）构成。当花粉被昆虫、小鸟或者风从雄蕊轻移到雌蕊上的，授粉便实现了。花粉粒从雌蕊柱头上吸收水分、糖和其他养料并膨胀，然后，花粉开始"发芽"，它向下长出一个一直伸到雌蕊子房的管子，与子房内的"卵子"接触，产生种子。种子在成熟前，一直待在子房里。成熟后，风、动物、人类或爆裂使它们分散开。一些花既有能产生花粉的雄蕊，也有带子房的雌蕊，它们被叫作"雌雄同花"。"雄"花只有雄蕊；"雌"花只有雌蕊。所有的花都有花瓣，用来吸引昆虫和保护雄、雌蕊。花萼——特殊化的叶片——将花瓣绕成一圈并且保护花瓣。花萼常常是绿色的，如玫瑰的花萼，或者它们与花瓣具有相同的颜色，比如郁金香。

树枝与嫩芽的对话

冬春两季是一年中观察树枝与嫩芽比较好的时节。切割一个嫩芽，数一下芽接处的鳞、苞，估计一下树枝的年龄。

材料： 小刀；放大镜。

步骤：

1.挑选一个有趣的，末端有着一个大的嫩芽的嫩枝。紫丁香树的细枝就是一个好的选择。

2.这个细枝是长还是短（细枝的长度可以提供关于它的年龄的线索）？这个细枝是什么颜色的（例如：绿色，褐色，红色）？它是光滑、粗糙，还是毛茸茸的？它是圆的还是扁平的？这个细枝是笔直的还是弯的？

3.通常在有叶子长出的地方，细枝的苞节处会放大。如果长出叶子，在每一片叶子的叶茎上，当叶子掉落时，嫩芽会保留，将会有一个小的嫩芽（侧面的嫩芽）。有多少苞节或是叶片？在苞节之间，有不同长度的空间（节间），哪一个节间最大？叶子的排列形式是什么样的，是苞节／叶子平行——对应排列，还是苞节／叶子交错排列（即一个嫩芽，隔一断再有另一个嫩芽）？

4.末端的芽长在哪里？它是什么颜色的？它呈什么形状？它是有黏性的、多毛的，还是光滑的？通常，一件光滑、多毛的外衣可以防止水分的散失。末端嫩芽有多少鳞苞叶片（在嫩芽的底部）？

5.切割一个大的末端嫩芽。要小心翼翼地一次取下一层。把这些层面排成一排，用放大镜观察嫩芽的碎片。这些小片是什么形状的？它们应该看上去像极小的叶片。在嫩芽的中心有什么东西吗？也许会有一个极小的花朵。

6.仔细观察嫩枝，在原来位于末端的嫩芽处寻找树干或树皮上粗糙的疤节，两个环节间的距离表明了树枝在一年里生长的长度。每年嫩枝生长的长度都一样吗？数出芽接处鳞苞间枝节的个数（或者用鳞苞的个数减1），就得到这个树枝的年龄。

7.仔细观察其他几个树枝，算出它们的年龄。最老的树枝活了多长时间？它比其他树枝多活了多长时间？

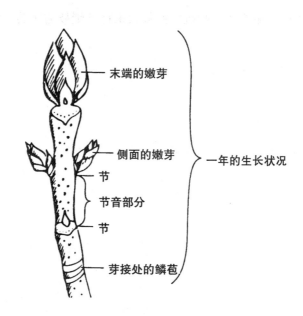

话题：植物各个部分　植物生长过程　测量

在夏季，树木与其他植物利用太阳的能量制造食物以及生长。它们也长出嫩芽，明年的叶子及花朵会从这长出来。一个嫩芽是一个不成熟的、小型的植物茎。根据嫩芽的类型，这个小型茎秆也许会长出叶子、花朵或两者都包括。

植物茎与枝大致起两个作用：它们给叶子与花提供给养，还在植物内部把食物与水从一个地方运到另一个地方。典型的茎或枝，或者是柔软，或是木质的。此项活动用灌木或树木的木质细枝效果最好。在每一根细枝上都有疤痕。当末端嫩芽——在细枝末端的最大的芽——开花时，疤痕就会形成。当新长出的嫩芽上的鳞苞脱落时，会留下一个加厚的环形圈，这被称作"芽接处的鳞苞"。你可以通过计算"芽接处的鳞苞"的数量来计算细枝的年龄。

借用导管向上升

植物吸收水分的方式与你通过麦秆吸管吮吸流体的方式极为相似。下面用芹菜茎和带有颜色的水去检验一下毛细管的作用。

材料：新鲜的芹菜茎（带叶的）；小刀；饮料杯；水；红色或蓝色的食用色素；新鲜的、白色的石竹属植物——任选。

步骤：

1.把一根较长的芹菜茎从底部剪去大约2厘米。

2.把饮料杯的一半注入水，再加入几滴食用色素，然后把芹菜茎被剪断的那端放入杯中。

3.把芹菜茎放入杯中几个小时，隔一段时间观察一次。你将能看到颜色逐渐沿着主茎上升到了叶子上。

4.当颜色到达叶的时候，从芹菜茎的底部剪下一小片。在茎的边缘，你会看到带有颜色的小点。这些就是沿着茎将水输送到叶子的毛细管的末端。

5.把一根芹菜茎纵长地切开，沿着毛细管，一直找到叶子中。

6.变化：把石竹属植物已被剪过的茎放入带有颜色的水中。在几个小时后石竹属植物会发生什么变化？

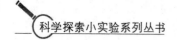

话题：植物生长过程　力

流体沿着植物的茎向上传输，植物的茎把水和养分输送到叶，在那里通过光合作用进行食物的制造。一棵大树在热天能把500升的水吸到叶上，植物的根、茎、叶中的细小的导管，在毛细管的作用下，帮助植物把水从地下吸起，输送到大树的最顶部。毛细管作用就是指把水吸进细小导管趋势。导管越细，在毛细管作用下，在导管中的位置就越高。毛细管作用是以分子间的吸引为基础的，这种吸引引起了表面的张力。当水进入这个微小的管中，在顶部的水分子被沿着管向上拉，然后它又拉着后面的水分子。如果你把一个纸条浸入水中，你能看见水沿着纸条慢慢向上爬升。纸巾在它的纤维之间有狭长的像管似的沟，水会沿着沟向上爬升。海绵也是通过毛细管作用吸收水分的。海绵里充满了许多作用类似细小导管的狭小空间。注意毛细管是在与蒸发共同作用帮助下在植物体内流动的。

水是通过保持细胞壁稳固，使植物直立的。把一个新鲜的芹菜茎（带叶的）在一个空杯内放置大约12个小时，芹菜将变蔫，这是因为细胞由于蒸发作用会失去水分。这时把一些水倒入杯中。由于芹菜的细胞吸收了水分，它不久就会直立起来。

火眼金睛识树木

树木属于比较容易辨认的植物。下面比较两种完全不同的辨别树木的方法。

材料： 遮眼布；纸或笔记本；铅笔；树木鉴别指南——任选。

步骤：

1.根据经验鉴别：分成两人一组。其中一个人蒙上眼睛。另一个没有遮眼睛的人选择一棵树，把蒙着眼睛的人领到这棵树前，并在他或她研究这棵树时，保证他或她的安全。蒙着眼睛的人用大约5分钟时间熟悉这棵树。抱住这棵树，它有多粗？你能用双臂合拢住它吗？用手上下摸这棵树，把脸贴在树上。树皮感觉起来是粗糙的，光滑的，凹凸的，还是平坦的？用鼻子嗅一下这棵树，它闻起来什么味？这使你想起了什么？你能找到树叶吗？树叶摸起来有什么感觉？这棵树是直的还是弯的？这棵树是活的吗？几分钟过后，未蒙布的人把他或她的同样带回到原处，但不要按原路返回，要绕一些弯（如多转几个弯，迈过想象中的圆木）。回到原处后，蒙眼者把蒙眼布摘掉，然后去找刚才那棵树。分辨出这棵树来容易吗？

2.根据分析鉴别：选择一棵树，根据下节的树木鉴别线索来熟悉这棵树，并猜一猜这棵树属于哪个种类。你可以参考正式的树木鉴别指南，找出树的准确名字。

3. 辨别树木的这两种办法有什么区别？什么时候适合用哪种方法？一般情况下，经验能使一个人辨别出某种特定的树或有限的几种树。分析法可以使许多人分辨出大量的不同种类的树。当人们对某种树木不够熟悉时，有关树木鉴别的线索会帮上大忙。

 话题：分类　植物的各个部分　资源

树属于开花植物，它能够生出每年不断生长的木质组织，枝干从它的主干上伸出，形成了具有自己特点的形状。所有的树都开花。有些树，像果树，有明显的花朵；其他树，如榆树和枫树的花，没有花瓣，所以很难看到。树分成两大主要类型：针叶树和落叶树。落叶树长有宽阔的叶片，这些树叶在每个生长期结束时落下来（通常是在秋季）。针叶树也被叫作常绿树，因为每年秋天，它们狭小的针状叶不会在秋季枯黄，落到地面。针叶树一年四季都在缓慢地换叶。一些阔叶灌木与针叶树的特征一样，而落叶松的针叶都会像落叶树一样脱落。总的来说，针叶树的木材要比落叶树的木材软。因此，有时人们称针叶树为"软木"，而称落叶树为"硬木"。树的高低各异。有些树不足五米高（灌木），而高的树可以高达100米，伸入云端。树木是木材、食物以及树脂、橡胶、软木塞、奎宁、松节油和纤维素等产品的重要来源。

打开绿荫世界的大门

高度：这棵树有多高？让一个已知身高的人站在树旁。把他（她）作为测量树的标准。走到离树20步远的地方，伸直手臂，手中握住一根直棍或一支铅笔。目视小棍，使小棍的顶端与人头对齐。沿着小棍向下移动大拇指，直到大拇指与这个人的脚平齐。然后每次将小棍向上移动一个"标准"单位。用这个人的身高乘以移动"标准单位"的次数，就得到了这棵树的大致高度。

形状：树的大体形状是什么样子的？

桉树　　山毛榉　　榆木　　枫树

橡树　　悬铃木　　柳树　　枞树　　松树　　云杉

树枝的角度：树枝是使树木形成某种典型形状的胳膊。仔细观察树枝是怎样从树干上长出来的。在一个特殊的方向是否长有更多的树枝？如果是，哪个方向？这种形状也发生在同种形状的其他树上吗？其他的树或者建筑物挡住阳光是否会影响树的形状？

树皮：树皮上的细槽是向上长、向下长还是向侧边长的？你是否注意到了树皮颜色上不同的阴影？下面是一些树皮或树的例子：毛茸茸的，长的，稀疏的小条→山核桃的毛茸茸的皮；灰色的，其中杂有黄色→悬铃木；白色的，像剥去皮似的→白桦树；浅灰色的，平坦的→美洲山毛榉。叶子／针状叶：这棵树长有针叶还是阔叶？如果是阔叶，树叶的大体形状是什么样的？

| 松树 | 枫叶 | 榆钱 | 银桦叶 | 橡树叶 |

如果树木长有针叶，在树下捡一根针叶。将它放在你的拇指与食指之间，感觉其形状。它能轻易滚动吗？它是圆的、方的还是平的？看树枝上的针叶是怎样生长的。针叶是单独长的，还是两根、三根或成簇长的？

·如果针叶是单独生长的，并且针叶感觉起来是方的→这是云杉。

·如果针叶是单独生长的，并且针叶感觉起来是平的→这是枞树。

·如果针叶是按两个或更多一簇生长在树枝上的，并且针叶是半圆形的，当你将两根针叶放在一起时，会形成一个圆→这是松树。

·如果针叶是按10根到50根一簇长的，在短短的一节芽枝上含有很多针叶（针叶脱落，树就失去针叶）→这是落叶松。

叶子的类型：叶子被分成两大类：单叶和复叶。单叶通常只有一个叶片，一个梗和梗底部的一个芽。复叶有两个或更多的叶片并且在唯一的叶梗上只有一个芽。指出你的叶子是单叶还是复叶，查看叶芽；单叶叶片总有一个叶芽，而复叶叶片没有。

叶子的生长方式：有三种生长方式：互生叶，对生叶，轮生叶。只有四种常见树木有对生叶：枫树、梣树、山茱萸和欧洲七叶树。这儿有一种简单方法可以记住这些树名：疯马〔前三种树木的起始字母构成单词"Mad"（疯的），后一种树木的第一个单词："Horse"（马）〕。

花：所有的树木都有花。下面列出一些常见树木：显性花→果树和玉兰；无花瓣，难以看见→榆树和某些枫树；黄花穗→赤杨、桦树、橡树和核果类树木；被白色或彩色艳丽的花苞包着的许多小花→山茱萸。

果实：花开后结果，果实里面有种子。下面描述了一些常见树木的果实：肉质果实→苹果、樱桃；带棱的果实→枫树、榆树、蛇麻草树；塔利果实→针叶树；坚果→山毛榉、山核桃；杯形果实→橡树。

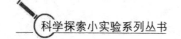
生命力顽强的蒲公英

因为我们这样称呼，所以野草被叫作"野草"。野草是那种在我们不想要它们茁壮成长的地方蓬勃生长的野生植物。研究蒲公英生命力顽强的特性。

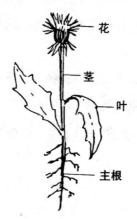

花

茎

叶

主根

材料：泥铲；卷尺；细线；木桩；放大镜。

步骤：

1.根：挖起一棵蒲公英，并尽量挖出最长的主根。如果部分根断了，挖出泥土里面的根。这是一个巨大的挑战！测量主根的长度，将它与蒲公英的地表部分的长度相比较，想一想，根的长度是怎样帮助蒲公英生存的？

2.数量：用木桩和线在田地中圈出一块10平方米的地。将其分成10等份。两人一组，查出在一小块地里有多少蒲公英。为什么某些地方长的蒲公英多，其他地方长得少呢？

3.种子：估计一棵蒲公英能结多少种子？仔细查出每朵花产生的种子数量（用放大镜）并且乘以花朵数。要使一个物种生存下来将需要多少种子？所有的种子都能发芽吗？一株植物所产生的种子量能保证其存活吗？

4.进一步关注种子：如果花朵顶部已经变成白色的马勃菌，仔细观察一下银色降落伞状的种子。它们是否很容易被吹走？有些种子是不是被风带到很远的地方？这是怎样帮助蒲公英生存下来的？

5.扩展活动：哪些野草不需要种子就可以繁殖？寻找地下茎（在地下与地表平行生长的茎）。每隔一段时间，地下茎就会发出气生的新芽，长成新的植物体。马唐草就是一个很好的例子，它既可以用地下茎繁殖，也可以用种子繁殖。这种繁殖方法有什么好处？

▌▌▌ 话题：植物的各个部分　测量

我们尚未发现野草的优点，而在发现它的优点之前，人们总是在抱怨。为什么野草比人类种植的大部分植物生命力更强呢？所有的植物都是靠保存生命和繁殖而存活下来的。野草的这两种能力都很强。野草有苗壮的躯干和向四处扩展的广大的根系，一般来说，仅仅铲去其地表部分是不能使其死亡。野草通常比其他植物长得快。野草数量很多，并且能结出大量的种子。最后，野草种子即使不发芽，它们的保存期也比其他种子的时间长。一种非常有趣的，具有顽强生命力的野草的例子是蒲公英。蒲公英几乎在什么地方都能找到。它长长的主茎深深插入地下。蒲公英靠近地面的叶子呈圆形排列，可以将它周围的小植物排挤在外。尽管蒲公英使园丁感到沮丧，但它们确实有其优点。事实上，在一些地方，人们像种植庄稼一样种植蒲公英。如果你试一下，就会发现，它的嫩叶子很适合做色拉或者被煮着吃，其味道有点像菠菜似的。蒲公英茎内的乳白色液体可以制成上等的酒。虽然是最后提到，但也很重要的是它的根可以被烤干，捣成粉末，用来代替咖啡。

远亲与近邻

地球上到处长满了植物——田地里，山野上，人行道的裂缝里和海底。下面去参观一个植物群。

材料： 纸；铅笔；卷尺；植物鉴别指南——任选。

步骤：

1. 选一个植物群：树丛、灌木丛、草坪、草地、溪边、小山的陡坡、空地或者人行道的裂缝。准备好做记录和绘草图所需的工具（当你不能记住有些东西的情况时，你便会认识到它的重要性）。

2. 在你研究的这个群落中，哪种植物占统治地位？在每个植物群落中，都有特定的植物占统治地位。这些占优势的植物决定了它们周围植被的种类（也就是说，它们影响了这个群落所需的光和水）。占优势的植物往往是那些最大，为数最多的种类。例如，豚草会是一块田地中占统治地位的植物，而橡树则是森林中占优势的植物。

3. 在你研究的这个群落中有多少个层次？大多数植物群落至少有两个层次，而占优势的植物往往占据着最高的一层。看一看，每一层里都有什么样的植物？例如：在一块草地的群落中豚草会在最高的一层，某种草类可能是最低的一层。

4.寻找一些长在腐烂叶子和树枝上的非绿色植物（如蘑菇）。

5.搞一个植物调查。看看在这个植物群落中你能发现多少种不同的植物。10多种，还是50多种？看它们在高度、颜色和数量上有多少相似之处？你可以用一本植物鉴别指南来区分它们。

6.扩展活动：研究并对比几个植物群落。

话题：栖息地　生态系统

当你发现一种植物时，你也会相应地发现另一种植物。不同的植物生活在同一个地区就构成了一个植物群落。植物们相伴生长的事实说明它们在生长过程中会以一种特定的方式相互影响。各种植物都要争得土壤中定量的水和养料。一种植物可能会挡住另一种植物的阳光。一种植物也可能排挤另一种植物。

有些植物喜欢与其他植物长在一起。它们在一起生长会比单独生长状况更好一些。在花园里"相伴种植"方法使这类植物找到了它们合适的生长伙伴。玉米和豆类就是很好的生长伙伴（如果把它们和其他植物一起种植会使它们长势不好）。豌豆和洋葱根本不能一起生长，因此园丁不会把它们种在一起。

植物大染坊

很久以前，合成染料还没有被发明，那时，人们就用植物的某个部分来制成自然染料。下面制作并使用自己的自然染料。

材料：植物的各个部分；小刀；水；容器（非金属制品）；小罐（玻璃或者搪瓷）；加热器（如炉子）；勺子；过滤器；百分之百的纯羊毛（很易被染色）；橡皮手套；明矾和酒石英（可以在药店买到）——任选；汤勺；清洁剂。

步骤：

1.这个活动必须在成人的监督下进行。

2.收集植物的各个部分来做天然染料（可以从一种颜色开始），例如：

·蒲公英根、甜菜根、樱桃、红卷心菜、草莓或者红覆盆子——红／粉红

·黄花、洋葱皮、豚草、胡萝卜皮、向日葵种子或白桦叶——黄

·鸟饭树的浆果、接骨木的浆果、鸟木莓或红玫瑰花瓣——紫色／蓝色

·葡萄——紫罗兰色

·菠菜叶或者蒲公英叶——绿色

如果你从自然界里收集植物,只摘取需要用的。另外,千万别品尝它们。

3.将每种植物分开保存,冲洗掉脏东西。最好切碎所有的叶子、树根、表皮、茎等,压碎浆果。

4.将每种原料放在不同的容器里浸泡一夜。在容器中放入足够的水,将植物原料全部覆盖住;所用的水越多,染料的颜色越浅。

5.将每种植物原料和水放入一个干净的锅中,炖半个小时(不时搅拌),然后过滤每种染料。

6.如果你想用媒染料,用每470毫升的热染料液体将大约2毫升(1/2汤勺)明矾完全溶解。你也可以用大量的明矾来做实验(太多的明矾会使羊毛粘在一起)。

7.润湿羊毛,然后将羊毛和染料放进锅里,使羊毛能够完全盖住。用火炖煮(不要烧开),至少半个小时,并不时搅拌,一直到羊毛的着色够深为止(记住,当它是湿的时候看起来比较深)。如果你使用了媒染剂,炖煮20分钟后,加上些酒石英(或者同量的明矾),然后继续炖煮,直到颜色够深时为止。

8.让羊毛在染料中冷却。捞出羊毛并且用微热的水冲洗。将羊毛挂起来晾干(不要用阳光直射)。

9.扩展活动:在肥皂水中加热15分钟,来检验你的羊毛褪不褪色。颜色看起来与加热前一样吗?

10.扩展活动:用不同的沾染办法来做实验,用或者不用媒染剂;染其他材料(如:棉布);改变媒染剂的数量;变化染色时间;变化染色温度;用不同种类和不同量的植物。

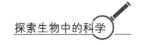

话题：植物的各个部分　化学反应　科学方法

　　5000多年前，也许因为偶然的小污点，人们发现叶子、花朵、水果、茎、树皮、根、一些动物和矿物质能够被用来给衣物、陶器和其他物件着色。染料能增加其他物件的颜色是因为它们能完全溶解在液体中，并且很容易进入并附着在所染的物体上。为了使染料与被染物体更紧密地连在一起，染匠们经常使用媒染剂。媒染剂是一种化学剂，如明矾、铁、铬等物质，这些物质能使自己附着在纤维上并且使染料发生作用，所以会使被染物体变得更加不易褪色。这意味着染料将不会褪色或不轻易渗淌。

拓印的痕迹

用树桩、树皮和树叶，就可以制作拓印。拓印是对植物的永久记录——而且也可以制成吸引人的墙壁装饰物。

材料：蜡笔或美术用木炭笔；轻质量的白纸；长条胶带；报纸。

步骤：

1.树桩拓印：绕树桩平铺一张纸，并用长条胶带将其固定住。用整个蜡笔或者整个木炭笔在纸上涂擦。涂擦时最好朝一个方向运动。树桩上的年轮和其他标记将会出现在纸上。

2.树皮拓印：找到一棵树皮非常有趣的树。用长条胶带将一张纸固定在树上，一定要使你选择的地方离开青苔和地衣，青苔和地衣将损坏你的树皮图案。用整支蜡笔或者整个的木炭笔在纸上涂擦。涂抹时朝一个方向。树皮图案会出现在纸上。

3.树叶拓印：收集各式各样的不同形状和边缘的树叶，也包括草叶和复叶。在一个平整的表面上放几张报纸，把它们作为拓

印树叶的垫底。在报纸上，将树叶拼成美丽的图案，并且使图案所占的地方正好可以放下一张白纸。把一张白纸放在安排好位置的树叶上，你也可以用胶带将纸固定好。用整支蜡笔或者木炭笔在纸上轻轻涂抹。拓印应该显示出树叶的细微之处。

4.扩展活动：将所有的树桩、树皮、树叶拓印放在一起。比较不同植物的拓印。

 话题：植物的各个部分

外层树皮是具有保护性防水的一种树皮，它覆盖在所有木本植物的茎和根上。从植物根部运来的水分不能通过外层树皮，所以所有的外表细胞都干死了，并且形成粗糙的树的外表堆积物，这被叫作树皮。外层树皮轻，能够浮起来，并且是一种上好的绝缘材料。软木橡树，有一层厚厚的外层树皮，是商用软木的来源。

用艺术手段来观察，自然的美丽和复杂性是很容易被欣赏的。拓印能帮助你注意到那些你平常也许没有注意到的东西。例如，树皮拓印能使树皮上的图案更明显。平坦的树皮最适用于拓印。小灰色白桦树可以制作出清晰、明显的拓印图案。红橡树有条发白的滑雪道，这些小道垂直向下直到树桩。滑滑的榆树和灰胡桃树有那种看起来像熨平的树皮。枫树有最漂亮最复杂的树皮图案。

孢子之纹

孢子不断地从成熟的菌体上脱落来，孢纹可以做成有趣的工艺品。

材料：小刀；纸；碗；喷发定型胶；喷漆定型胶或者别的定色剂。

步骤：

1.在阴影、潮湿的地方寻找一块真菌生长地。

2.把真菌的盖从茎上切下来，把菌皱接在一张纸上。用一个小碗盖住其顶部，以防止孢子被气流吹走，这样保存一夜。处理完不认识的真菌后要洗干净手。

3.早晨小心翼翼地把真菌从纸上移下来，孢纹的式样会很有趣。一些菌类的孢纹可能会呈现各种色彩。

4.为了保存孢纹，用喷发定型胶或一种喷漆定型胶喷在上面，一定要瞄准，而且不要让定型胶离纸太近，否则它会把孢子吹跑。

话题：植物的各个部分

大多数海藻很小——小于1/1000毫米长的单细胞植物。海草是一种多细胞植物，有一些海草长得同地面植物一样大（60米长），但是大多数为1米。二者最主要的区别是海草没有真正的根、茎、叶。它含丰富的蛋白质，你可能吃过这种东西，但并不知它是海草。从红的海草中长出来的紫菜可用来制糖果、冰激淋、清凉饮料、罐头和鱼制品。它也可以在干燥后作为一种燃料。

蘑菇是一种菌类，有着伞状或锥形的顶。它是通过孢子再生的。确认一种蘑菇第一步是看它的孢子的颜色，孢纹使这种区分变得简单。一考虑到它的美味，人们就会大批量地生产。在商店能买到许多种类的蘑菇，尽管它含有丰富的蛋白质和其他矿物质，但大部分还是水。不可食用的或有毒的蘑菇经常指"毒菌"。

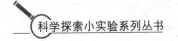

生物之树

一次看数万只动物，不如了解各组动物的特征更加有用。下面让我们做一个生物树游戏。

材料：以下各页的材料；纸；铅笔。

步骤：

1.如图所示，描绘出一张组成生物树图的信息卡。信息卡的细节部分要根据它们的年龄而定。它可能包括每种动物所属目的正式或非正式的名字和有关此目的的二三点或亚目。

2.让人们站在圆点的位置上，用这种办法来做信息树。最低级的动物在树的最底部，较高级的动物构成树的主干。第11门在树干的顶点，在它上端、有各个门类的细分类作为树枝。哺乳动物在最顶端。使在此树上每个人都有它自己的位置。

3.通过介绍树的每一个部分来开始此游戏，人们可以大声朗读信息树上的点所代表的内容。

4.一个手中拿着全部信息卡的人做头领，用这些卡来发出一系列指令。例如，如果你生活在咸水里，请摇动一下你的胳膊。哪一个是蠕虫？哪一个用肉眼看不见？所有的哺乳动物上下来回跳，并从1数到5。用手指最低级的动物，同最像你的动物握一下手（即在此树上紧挨着你的那个）。

5.如果有人没做出回答，或不知道答案，或耽搁了太长时间才答出来，领头的就大喊一声"散开"。每一个人都跑到指定的位置（如50米远，或者屋子最远的角落），然后再跑回来，尽其所能恢复原来的树样。领先者可以大声地数时间，看一看恢复原来的模样需要多长时间。

6.此游戏可以随心所欲地进行下去，循环的位置可以帮助参加游戏者熟悉树的各个部分。

7.变化：把信息卡放在各点上做一棵信息树。它可以供一人或一群人来玩。个人或集体按照领头者下达的指令来依次进行活动（如：指出树的某些部分，发现某些信息）。当他大喊一声"散开"后，把这些信息卡打乱，参加游戏的人跑回来后，要互相合作，用最快的速度把它们重新组合起来。

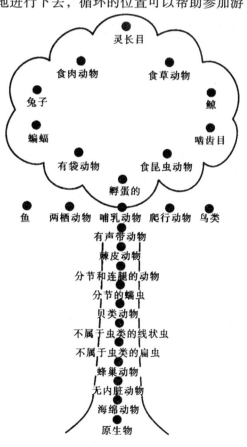

话题：分类　动物特点　哺乳动物　鸟类　昆虫

　　不同的分类法使动物王国有所区别，下节列出了常见的11目（最主要的分类）。构成了某一目的动物可以生活在各种环境里，它们的大小和活动习惯也不同。它们的共同点就是它们的基本构成方式。例如：节肢动物目包括龙虾、蜘蛛、千足虫和所有的昆虫，它们最基本的结构就是它们的身体分成各个部分，而且它们的腿是相连的，没有别的目的动物再有类似的构造。

动物王国猎奇

第1门：原生动物——单细胞，寄居在许多地方包括别的动物身体上的微生物。它们大多数是无毒的。代表动物：变形虫。

第2门：多孔动物——有一个大气孔的动物，都生活在水里。一些在淡水中，但是大多数在咸水中。把它们自己附着在像岩石等物体上。用它们微小的器官来滤水，以此来获得食物。

第3门：腔肠动物——带有触角的水生动物，如果你用拳头戳一下充满水的气球的顶部，你所能感觉到的就是这些动物的一般形式。被拳头戳下去的部分就是腔肠。肠是由用来消化食物的细胞排列成的。在气球中的水代表体内的液体。代表动物：海蜇。

第4门：蜂巢动物——类似于腔肠动物，但稍微有些差别。有一个小的透明的躯体。成排的蜂巢覆盖了整个身体。它们用来帮助获得食物和来回移动，生活在淡水和咸水中。

第5门：扁虫——动物的身体是平的，并且像带一样细。既可以生活在水中，也可以寄生在别的动物身上。

第6门：线虫——蛔虫。有一个外层表皮，它是由非组织物质构成的动物，有一个充满液体的腔，把它们同内部分开，许多看起来像细小的移动的线。生活在水、土壤中和寄生在别的动物身上。代表动物：蛲虫、线虫、线虫类。

第7门：软体动物——身体很软的动物。它们需要一个壳来保护自己。它们都有一个壳来盖住它们，而且分泌类似壳的东西。大多数生活在淡水和咸水中。代表动物：蜗牛、牡蛎、蛤、乌贼、章鱼。

第8门：环节动物——无腿。如果你仔细观察它们的身体，你就会发现好像是被环或环状沟槽分开了。身体的每一个部分像细的小房子。大多数环节动物生活在咸水中，但是仍有许多种类生活在淡水中，潮湿的土壤里或寄生在别的动物身上。它们的长度从0.5毫米到3米不等。代表动物：蚯蚓、水蛭。

第9门：节肢动物——有关节的动物，无脊椎。80%的动物属于这一类。亚目：甲壳类动物，千足虫和蜈蚣，还有蜘蛛和害虫。

第10门：棘皮动物——有脊椎来保护他们的身体，移动得很慢，都生活在咸水中。代表动物：海星、海胆、海黄瓜。

第11门：脊索动物——脊椎动物是它的一个副分类。脊椎动物是有脊索和脊柱。外部骨骼庞大，很厚；内部结构也很结实，而且很轻，易弯曲。所有的这一类动物有一个心脏，不超过四条腿。它的副分类：鱼、两栖动物、爬行动物、鸟类动物、哺乳动物。

关于哺乳动物的特别注释：孵蛋动物，包括多利食蚁兽和嘴部像鸭嘴的鸭嘴兽；有袋动物是用身上的袋来养大幼鼠的（如负鼠、袋鼠）；吃虫的动物使用地下隧道（鼹鼠）；蝙蝠是唯一飞行的哺乳动物；啮齿目动物在嘴的前部有大的像凿子似的牙齿，而且还不断地生长（松鼠、老鼠、海狸、豪猪）；兔子不是啮齿类动物，因为它们在腭的上部有四颗门牙；鲸、海豚是生活在海里的哺乳动物；食肉的动物以肉为食（猫、狼、熊、水獭、臭鼬、黄鼠狼）；单性草食动物（马）；杂食性动物（羊、牛鹿、驼鹿）。灵长目动物在头的前部有眼睛，有大拇指和发达的大脑（类人猿、人类）。

认识脊椎动物

脊椎动物分为五类。通过下面这个关于脊椎动物的游戏来认识它们。

材料：从杂志上剪下的动物样本；硬纸板；剪刀；胶带；纸；铅笔。

步骤：

1.写一张区分五种脊椎动物特征的信息卡，信息卡的详略按做游戏者的年龄变化。

2.发给每个人一张复印的信息卡，讨论以上5种脊椎动物。

3.用每个纸板代表一类动物。每个动物代表五类脊椎动物中的一类。在动物身上写标签，鱼、两栖动物、爬行动物、鸟、哺乳动物，然后把动物样本在地上摆成一排。

4.游戏者分成人数相同的两组，面对面站在那排动物两边。每队离动物的距离应相同（如10米）。每组游戏者从1开始按顺序排上号。每人记住自己的号码。

5.然后一个组长根据信息卡上的信息，开始提示，每个提示的开头都说"我是脊椎动物"。例如："我是脊椎动物，有翅膀但不能飞"，

"我是脊椎动物，我是热血动物"，"我是脊椎动物，身上有毛"，"我是脊椎动物，身上有鳞片，能产卵"，"我是脊椎动物，我们中的有些产卵，但我的孩子却是胎生的。"在说出一条提示后，停下来，然后叫作游戏者的号码。

6．每组里被叫到的人必须跑去拿回提示语所描绘的动物类代表，然后跑回"家"，没拿到的游戏者可以追赶另一游戏者，并试图捉住他（她），得分。

7．得分规则：拿到正确的动物并跑回家，得2分；拿到不正确的动物跑回家扣2分；拿到正确的动物但被阻拦，各扣1分；根据有些提示正确答案不止一个，这样每组可得2分。

8．每跑完一次，送回动物样品，游戏时间自定。

话题：分类　哺乳动物　鸟　动物特性

"脊椎动物"就是有脊柱或有脊椎（内部骨骼）的动物。在这5种脊椎动物之中，有3种是冷血动物。鱼在水中生存、呼吸，它们用鳃从水中吸引氧气，也有些鱼是用肺进行呼吸的。所有的鱼都在水中产卵。大部分鱼用鳍游泳。它们的眼睛位于头的两侧。鱼身上通常都覆盖着鳞片，两栖动物生在水中，待长大后，大部分时间它们就都在陆地上生活，它们与爬行动物相似，但与有鳞片或有盖的爬行动物不同的是，大部分两栖动物皮肤都很光滑。所有两栖动物都用皮肤呼吸，有些还通过肺或鳃呼吸。两栖动物包括蝾螈、蟾蜍和青蛙。青蛙的雏形是卵，然后长成小蝌蚪。蝌蚪有鳃，像鱼一样吸取养分，逐渐地蝌蚪长出腿，尾巴退化，最后用肺呼吸。爬行动物身上覆盖着鳞甲，用肺呼吸。它们通常产下硬壳蛋或软壳蛋，许多爬行动物的大部分时间都生活在水中。例如，许多海龟很少登岸，它们的鳍状肢使它们善于游泳，但却不善于在陆地上行走。其他海龟或龟，大部分时间都生活在陆地上，它们没有鳍状肢；相反，它们有带趾的脚或抓。其他爬行的动物还有蛇、蜥蜴、短吻鳄和鳄鱼。

鸟和哺乳动物是热血的脊椎动物，鸟浑身被毛覆盖，长有翅膀，但并不是所有的鸟都能用翅膀飞行（如鸵鸟、企鹅，鹬鸵，食火鸟）。鸟骨是空的或半空的，这使它们比像哺乳动物那样有实心骨头的动物，要轻许多。鸟的胃口很大，它们飞行需要很多能量。哺乳动物身体外有毛，用奶哺育幼崽，有较发达的脑，大部分但不是所有的哺乳动物都直接生育幼崽（而不是通过孵蛋）。哺乳动物新陈代谢的能力非常强大。它们的红细胞，通过强有力的心脏喷出，能比任何其他一种动物的红细胞输送更多的氧。哺乳动物还是唯一一种有膈的动物——膈是胸部允许空气进入肺的肌肉组织。

　　"热血动物"的体温恒定。它们必须吃很多的食物来维持此体温，"冷血动物"，像昆虫和爬行动物等，它们的体温则与所处环境的温度相似。冷血动物的体温变化范围很大。当温度升高时，冷血动物变得活跃。当温度太低时，这些动物一点也不活跃。

你能想象出一种小得能游过这个"O"的鱼吗？它是生活在印度洋中的，它不仅是世界上最小的鱼，也是最小的脊椎动物。

毛发有助于哺乳动物维持体温，离身体最近的"细软绒毛"密且多，并且能使动物保持体温，外面这层或"护卫层"毛质硬并能通过它来抖落水气，保持身体不湿，"护卫层"也使某些动物具有光滑、鲜亮的外表。

对于老鼠和其他小一些的动物，地球引力实际上造成不了多大危险，老鼠从1000米深的竖井上落入坑底，只会受到一点点震荡，随后，就能爬走，野鼠可能会摔死，人一定会死，马会被摔得粉身碎骨。

生物界的隐者

为了生存，有机物必须能适应环境，做个游戏，看看虫子和昆虫是怎样调整来躲避鸟类的捕捉的。

材料：大约100根彩色牙签；烟斗通条或几块木条组成25组，4个颜色一组（有一种颜色需与游戏背景相融——例如绿色在绿草坪上）。

步骤：

1.把彩色物体撒在一块约20平方米的区域内。

2.人们扮演找食虫子和昆虫（彩色物体）的鸟的角色。每人在大约离猎食处25米远的地方有一个窝（收集彩色物体的地方）。

3.一次一人，"鸟"跑去找食，每只鸟按顺序来回飞几次，规则：每飞一次，只能捉一只虫子或昆虫，鸟不在乎吃什么颜色的虫子或昆虫，它们捕捉第一眼看到的虫子。鸟不能用手在地上摸，因此它们只能在看到食物之后再啄起，鸟在寻找食物的过程中要一直飞。

4.在飞了几次之后，看看每个人每个颜色收集了多少？哪个颜色最难找？为什么？

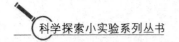
话题：动物特性　鸟

"适应"是指一类的动物从一代到下一代的一种缓慢持续不断的发展变化过程，环境改变时，动物类群也必须随之改变，如果动物不能适应，它们便会被吃掉或饿死，此类的动物就会灭绝。由于动物不能迅速适应变化，环境的突然大变化会给动物带来许多严峻的问题。

适应的形式多种多样，例如，像鹰、隼、兀鹰这些食肉动物，鹰钩嘴使它们能撕开，撕裂食物，像燕子，鹦鹉和鸻这些吃种子的鸟嘴，尖而且短，能啄开种子，像鸭或鹅这些小鸟的嘴长而扁，使它的能滤水得食或从浅湖底臼起植物。

身体颜色是一种适应方式，它使动物的颜色与周围环境相融，保护自身，当动物被掩蔽起来后，敌人很难发现它，鹿或鼠在自然环境中静立时就很难被发现，极地熊的白色使之与雪相融，有些兔子在冬天是白色的，但在夏季却变成棕色。老虎的条纹、长颈鹿的斑点，使它们成为周围灌木和丛林的一部分，大部分雌鸟的颜色灰暗，这是鸟在巢中时的一种保护措施。另一方面，雄鸟往往颜色亮丽，显立于环境之中，雄鸟能吸引肉食鸟的注意力，使肉食鸟远离鸟巢。

虱子的颜色取决于它所寄居的那个人的头发颜色，例如，生活在金黄色头发中的虱子颜色较浅，而生活在黑色头发中的虱子颜色较深。

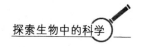

细微的变化

　　科学家们相信今天的动物与亿万年前的动物不同——它们持续不断、循序渐进的变化。下面用纸来探索一下进化论原则。

　　材料： 纸；剪刀；彩色铅笔。

　　步骤：

　　1，准备四堆纸，每堆五张，每堆的各张按1—5标好号。

　　2.每堆基本步骤（3～6为具体步骤）：在五张纸上剪下一个三角形，并把第一张放在一旁；在余下的四张纸上剪下一个圆，把第二张放在一旁；在余下的三张纸上剪下一个长方形，把第三张纸放在一旁，在余下的两张纸上剪下一个半圆，并把第四张纸放在一旁，在第五张纸上剪下一个正方形。每堆纸都按基本步骤做，但从每堆纸剪的形状、大小和位置要有变化。

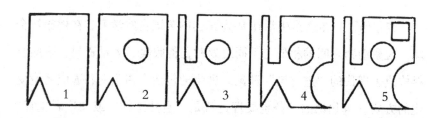

3.第一堆纸照基本步骤做，无须变化。

4.在剪之前，把第二堆分成两半，然后用这堆的一半来照基本步骤做。

5.第三堆纸，在按基本步骤做完之后，把纸从中剪开，扔掉没有标记的那半。

6.最后一堆，不用剪，相反，用彩色铅笔在纸上按其形状来画，并着色。

7.在地板上放张白纸，用做过的纸摆个十字形，把空白纸放在中心，每堆纸做十字的一边，在每边把纸排成一行，把标号"1"的纸放在离空白纸最近的地方。

8.所有在十字上的纸都由空白纸开始，中心处的空白纸是它们共同的祖先。比较中心空白纸与十字最外边的纸。你能看出小变化积累起来成了大的变化吗？所有外围上的纸有何相同之处，有何不同？把纸分成两半会产生很大变化吗？把纸割分成两半后会产生很大变化吗？如：在剪其他部分之前或之后，动物会怎样像纸上的那样发展？

话题：动物特性

查尔斯·达尔文是生活在19世纪初的英国自然学家。在他旅行全球，观察动物之间的相似与不同之处时，他收集了大量资料，这些资料构成了现代的"进化论"理论。进化论包括生物改变和适应环境变化的方式。进化论的一条重要理论就是"自然选择"或"适者生存"

——能最好地适应环境的改变的动物会生存下来并繁殖后代，而不适应的就无法继续生存。进化过程特别慢，它是小变化的累积。不同环境不相似的动物也能产生很大很大程度的不同的变化。像冰川时代的大变化能很大程度上影响进化过程。

进化论表明现存生物都是从简单的生命形式，经过成千上万年的变化发展而来的。根据进化历史，哺乳动物是动物中最年轻的一组。科学家们认为最早的哺乳动物是由生活在20亿年前像哺乳动物的爬行动物演变成的。这些像哺乳动物的爬行动物既有爬行动物特征，又有哺乳动物特征（例如：哺乳动物似的牙齿、头颅和四肢）。随着时间变化，许多哺乳动物都发生了巨大的变化。例如，今天的海豹好像就是从有腿的陆上动物演变而来的，科学家认为蝙蝠并不是开始就会飞的。不管怎么样，其他的哺乳动物，如老鼠，看起来未发生太大变化。

消失的恐龙

恐龙是生活在亿万年前的一种动物,因为无法适应环境,现已灭绝。下面做一些恐龙模型。

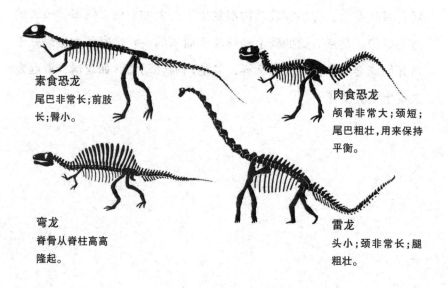

素食恐龙
尾巴非常长;前肢长;臀小。

肉食恐龙
颅骨非常大;颈短;尾巴粗壮,用来保持平衡。

弯龙
脊骨从脊柱高高隆起。

雷龙
头小;颈非常长;腿粗壮。

材料: 烟斗通条;剪刀;一张纸——任选;胶水;彩色铅笔。

步骤:

1.由烟斗通条制作恐龙骨架,大致呈现出恐龙的形状,由恐龙的

脊柱开始，加上适应大小的头部，再在相应的位置上放上前后腿（要确保颈部有一定的长度）然后制作肋骨，如果你愿意，你还可以用小纸片来进行细加工。

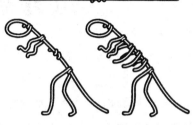

话题：动物特性　地球

恐龙是生活在大约2亿年前，6500万年前灭绝的爬行动物。科学家们用恐龙化石、足印、粪便和恐龙蛋来研究恐龙。他们已发现了上百种不同种类的恐龙，并且认为还会有上万种有待发现。不同的恐龙存在于不同的时间，最大的恐龙长为27米，最小的恐龙只有一只小鸡那样大。科学家相信可能会有滑行的恐龙，但不会有会飞的恐龙，有些恐龙会游泳，但却没有一直生活在水中的，恐龙分为食草型（吃植物）和食肉型（吃肉）两类，最大的食草恐龙用四足行走而最小的只有用两足行走。

科学家们不能确定恐龙灭绝的原因。地形、气候、海平面的变化均可能与之有关。有种理论认为小行星的撞击是导致恐龙灭亡的原因。有一点可以确定，无论发生了什么事，恐龙当时都无法很快地适应环境的变化。

生物的创造性

一只鸭嘴的鸽子会是什么样呢？跳跃性的蜜蜂呢？混合搭配昆虫或鸟的组成部分，来创造一种新生物。

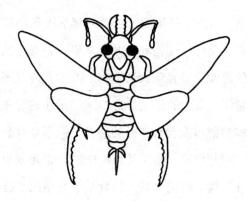

材料： 见下节，纸（如有可能用绘图纸）；尺；剪刀；胶水或胶布；铅笔；彩色铅笔。

步骤：

1.描绘创造性生物的最简单方法是用绘图纸。如没有绘图纸，在一张白纸上制作一个1—3立方厘米的虚框（大小取决于你最终想画的生物的大小）。

2.用虚框帮你画出下面各页上的身体部分。首先，选择身体，然后选择身体其他任何部分加以组合（例如：翅膀、腿）。注意，你选择的身体的任何一部分应和原来的那部分尺寸基本相配。你不必把各部分都画下来，使之在纸上呈现出一个完整的生物。你可以分别画出器官（如嘴、尾）再把它们与身体相连相对，这样就容易多了。

3.给身体着色。昆虫和鸟类都有多种颜色，因此尽量展开想象力。如果你没有好主意，就看看其他的昆虫或鸟类。

4.剪下此纸上身体的各部分，把它们摆放到另一张纸上，试着用不同的方法摆放和重叠它们，然后用胶水固定。

5.给新生动物取名。根据每部分身体功能，列出它们的特征。

6.变化：设计出自己的昆虫和鸟类的各个构成部分，或者用不同大小的虚框来制作同一生物。

7.扩展活动：把牛鸟、大角猫头鹰、毛茸茸的啄木鸟、针尾鸭和鸣天鹅这些滑稽的动物画下来，并把它们编成故事。每只动物都像什么？它能做什么？住在哪儿？叫声听起来像什么？

很多生物都可以为自己治病。如果猫或狗的胃感到恶心，它们就吃草，其他动物也会根据树叶与草的医疗价值有选择性地吃一些。动物好像准确地知道该吃哪些，不该吃哪些植物。

印度的巨蛾是世界上最大的一种昆虫，它的两翅之间长达30厘米。

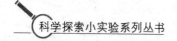
话题：昆虫　鸟　动物特性

许多动物的基本构成部分都是一样的，例如：大多数动物都有明显的躯体和腿，但是躯体和腿的样子却是形形色色的。不同的身体结构能通过不同的方式完成特定的任务。用于跳跃和用于走的腿不同，身体各部分的不同组合，会构成不同种类的动物。了解动物身体的基本组成部分，不仅有助于你创造新生物，而且还会帮助你识别其他的动物，并且明白为什么它们具有这样的身体构造。

昆虫纲记事

典型昆虫：真正的昆虫有六只足，身体分为三部分：头部（包括脑，一对触角或触须，嘴部和眼睛）、胸部（包括带动腿和翅膀的大块肌肉）、腹部（大部分昆虫都是通过腹部侧面

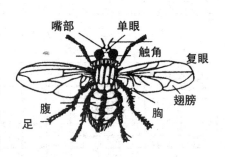

的被称作"气门"的小孔进行呼吸）。昆虫有两种眼睛——小的只有一个晶体的单眼和大的由许多小六角形晶体构成的像蜂巢的复眼，昆虫无脊骨，它们只有一个被称作"外骨"的外部骨骼，一种叫作"几丁质"的硬物质像盔甲一样覆盖在昆虫全身，保护着昆虫。

躯体：昆虫有三个主要部分：头部、胸部、腹部。流线型的身体适于昆虫飞行（如最左部的那个）；圆型的或是盔甲型的身体可以用于地上防卫（如右下角的那个）。

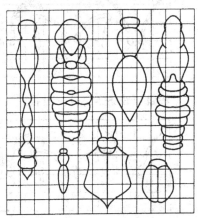

腿：顺时针从左上角开始。

游足：爬行足、跳跃足、游泳足、跳行足。

翅膀：一种是柔软的半透明的翅膀用于拍动（例如右下角的那个），而那种透明的网状似的（左上角第二个）则会发出嗡嗡的声音。有些翅膀藏于保护翼下，只有在需要时才伸展出来。

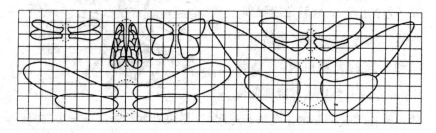

触角（从左到右）：蜻蜓、蚂蚁、甲壳虫、飞蛾的触角用于感知、嗅觉、味觉，有时还有可能用于听觉。

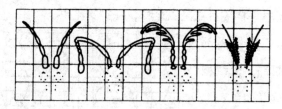

嘴部（由左至右）：吸管式、探针式、挤压式。

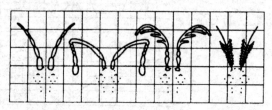

眼：大复眼。

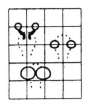

尾（顺时针方向）：绒毛式、光滑刺式、钩针式、钳子式。

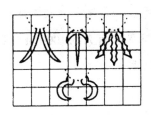

鸟纲的记录

鸟：鸟的两大最显著特征是翅膀和羽毛。一只鸟身上大约有上百根羽毛，一只天鹅有 25000 根羽毛，就连蜂鸟也有大约 1000 根羽毛，嘴与足的不同之处是识别不同鸟类的重要依据。

身体（从上到下）：尾与身体中部等高，尾朝下，尾朝上。

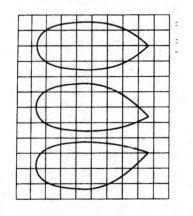

嘴喙（顺时针从左上开始）：细长型（用于掘泥）、厚锥型（用于喙种子）、宽型（用于舀，滤水）、直型（用于从地上喙起昆虫）、张弯型（用于撕肉）。

翅膀（从左开始顺时针）：阔鳍状翅膀、细长型（适于舒展飞行与滑行走）、宽大型（适于与展翅高飞）、短而粗（适于短距离快速飞行）。

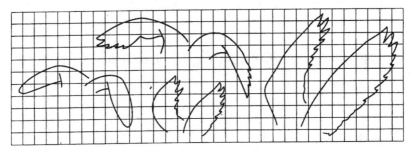

尾（顺时针从上开始）：叉型尾、刺形尾（有助于栖息）、扇形尾（有助于滑行）。

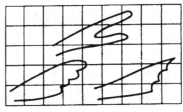

足（从左到右）：步行鸟类（后足趾不着地）强壮的长趾，用于栖息、跳跃和攀爬的足，用于捕杀猎物的钩状足，用于游行的蹼状足。

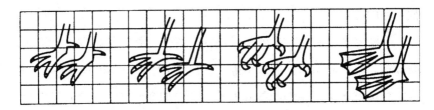

小蚂蚁大力量

蚂蚁是逗人喜爱的小动物，并且很容易被发现，做一个蚂蚁吃食的试验。跟踪一只蚂蚁了解到它更多的生活习性。

材料：糖；人造甜蜜素；两个小而浅的相似的瓶盖；两个水杯；水；汤匙；钢笔；手表。

步骤：

1.蚂蚁的食物，在一只水杯里放一匙糖和一杯水，搅拌成黏稠的液体，洗一下匙。在另一个水杯里，放一匙人造甜蜜素和一点水，也搅拌均匀。把这两种液体分别装到两个瓶盖里（给瓶盖做标记，以便弄清楚每个里面是什么），把两个瓶盖放在有蚂蚁的地方，蚂蚁应该很容易聚到瓶盖这儿来，哪种混合物能吸引更多蚂蚁？为什么？如果你把糖水和混合物拿走，会发生什么情况？蚂蚁的反应是怎样帮助它们生存的呢？

2.跟踪某只蚂蚁，找到一只蚂蚁，在你找到它的地方做个记号，跟踪这只蚂蚁10分钟，它去了哪儿？它做了什么？在它的路上设个障碍，什么状况会发生？当气温上升时（例如在阳光下），蚂蚁移动快了吗？如果你跟踪它的时间够长，你就会发现蚁丘。如果它带领你到

别的蚂蚁那儿去，你会发现蚂蚁在一条线上移动。当你的观察时间满了的时候，看一看你和它走了多远，努力顺原路返回。

▌ 话题：昆虫

不是所有的蚂蚁都用舌头来品尝食物，蚂蚁、甲虫、黄蜂能用触角品尝食物。有一些蝴蝶和蜜蜂，它们的跗骨、脚、关节有一套味蕾。家蝇通过在食物上爬来品尝食物，它们脚上有敏感的细胞。一些青蛙和蟾蜍在脸颊和唇上有对味觉细胞，一些鱼在鳍和尾巴上有味觉细胞。

所有的动物靠吃食来维持生存。动物吃了食物才能获得生存所需的能量。一些食物所提供的能量比别的食物多，蚂蚁和其他昆虫被甜食所吸引，但不是所有的甜食它们都喜欢，蚂蚁知道哪一种食物能量高，糖和人造甜素对于许多人来说尝起来一样，但蚂蚁知道糖的能量更高，这有助于它们生存。

蚂蚁是非常有决心的生物，它们也是特别强壮的。蚂蚁能举起相当于它体重50倍的东西。蚂蚁对气温的变化十分敏感。所有的蚂蚁都是有一定社会组织的，它们在土壤里一系列的洞穴通道中筑巢。大多数蚂蚁对人类和其他动物无害，一些蚂蚁有毒刺，一些能从肚子末端喷射毒液。蚂蚁兵总是成群结队行动，以便于击败回避路上的动物。

小蠋的比赛

小小的蠋威力无穷。举办一场蠋赛，并且千方百计试着使你最喜欢的蠋跑得最快。

材料：一些蠋；短跑跑道（例如：一块标有起点线和终点线的地面）。

步骤：

1.每个人或每组应该有一只蠋，找到蠋是这件趣事的一半。只要你照着正确的线索去寻找，就很容易找到。找完整叶子或者被吃了一半的叶子上的洞，蠋应该就在附近，要么藏在叶子里，要么在下面的地上。注意：一些带毛的蠋能引起皮肤过敏，一些大的蠋会夹住皮肤。

2.造成一个竞赛跑道，将参赛者安排在起始线。

3.人们可以一路引诱他们的赛手（例如：放一些诱人的食品在蠋的前面），但是不能碰到他们。

4.第一个穿过终点线的蠋是赢家，不能伤害蠋，比赛之后，把蠋放回到你找到他们的地方。

话题：昆虫

昆虫在它们的生命循环里要经历叫变形的巨大变化。大部分昆虫在幼虫被孵出来之前以卵的形式存在。之前，这些幼虫不停地吃，有像帐篷一样的保护壳，称作"蛹"。之后破壳而出，便长成了昆虫。不是所有的昆虫都要经过四个发展阶段。例如：草上的跳虫，就只经历3个阶段。它不形成保护壳，开始的时候它只是卵，然后被孵成幼虫（看起来像微型成虫），最后长成成虫。

蠋是从像句末的点那么小的卵中孵出来的。它们长得很快，以至于每3—4天就必须蜕皮。当蝴蝶蠋长成到一定大小的时候，它们就形成一种保护壳称作蝶蛹。飞蛾蠋在简单的或精心制作的茧里面形成蛹，当飞蛾或蝴蝶变成成虫出现的时候，它们再产卵，然后孵出蠋。这种循环不停地重复着。

蠋的能量绝大部分来自它4000块不同的肌肉（人类仅有约640块）。你也许忍不住会想蜈蚣是比蝎更好的赛手，蜈蚣有更多的腿，但是当它紧张的时候，它就紧缩成一团，并且哪儿也不能去。

蜘蛛网的那些事儿

蜘蛛看起来像昆虫，但是昆虫有6条腿，蜘蛛却有8条，保存一张真蜘蛛网或者自己做一个。

材料：一听自喷漆；深色的绘图纸或者深色喷漆；白色绘图纸；纸；铅笔；线；剪刀。

步骤：

1.收集一张网：蜘蛛网在一定的时候和一定的天气情况下有很多，能找到蜘蛛网的好地方是在树枝间。当你找到一张想要保存的蜘蛛网时，用漆喷网完全覆盖住它，注意不要吸入漆，在漆干之前，仔细把网压到绘图纸上。不要多费事，你就可以把网固定住，以便你研究它们的结构。

2.织一张网：把自己想象成一只会编织圆网的蜘蛛，你必须织一张网来捕食生存。画一些网的草图或者观察真网蜘蛛在哪儿织网？找出捕获食物可能性很大的地点（如路上），用绳或线来

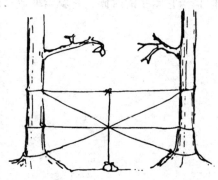

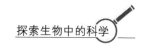

织网，首先设计好线（图）。

接着来回在线线之间编织。

一旦网完成了，像一只真正的蜘蛛静静地等待10分钟，有猎物碰巧过来吗？蜘蛛的生活是什么样的？

话题：昆虫

许多蜘蛛花很多时间来织网，网是用蛛丝织成的，这是自然形成的最结实的纤维。蜘蛛身体后部分泌的液体碰到空气就变得结实。蜘蛛首先从一个中心点向四周织长的线，一旦这些固定网的射线完成，蜘蛛就在射线之间来回或螺旋式地织网，这些射线之间的线蘸了蜘蛛体内的黏稠液体，射线本身是不粘的。这样蜘蛛在上面才不会被粘住。织在室外的网非常复杂，而织在室内的蜘蛛网通常不太规则，也很简单。不同种类的蜘蛛织不同的网。事实上，观察网的区别是辨别蜘蛛种类的一个方法。一些蜘蛛根本不织网，而织网的蜘蛛甚至能在太空织网。科学家过去认为没有引力，蜘蛛就不能织网，但是他们错了。蜘蛛在太空织的网只不过没有在地球上织的那么精致。

鸟与飞行

不同种类的鸟有不同的飞行姿势，坐下来，放松一下，观察一下鸟，并画出它们的飞行姿势。

材料： 纸；铅笔；能辨别鸟的种类的指导者。

步骤：

1.选择一个空旷的地方，可以是湖边，坐下来让你感觉舒服点，这项活动需要耐心。

2.当你看到一只鸟，观察它的飞行方式，当它从你身边飞过的时候，记录下你的观察结果。做一些笔记，这有助你准确地记住不同的鸟儿（如鸟是大的，嘴是红的），记录鸟的飞行方式的好方法就是画跟鸟经过的路线相似线条。

3.是不是不同种的鸟儿都有自己独特的飞行方式？哪一只鸟儿的飞行方式最优美？翅膀形状、身体大小影响鸟儿的飞行方式吗？不同的鸟儿起飞和着落有什么不同吗？不同的鸟儿能飞多高？从下面选一些词来描述你看到的飞行方式：忽动忽停的，蹦蹦跳跳的，猛冲突进的，绕圈的，成直线的，不规则的，摆动的，猛扑的，不稳定的，翱翔的，弯弯曲曲的。

　　小小的蜂鸟也许会被错看成飞蛾，但是它比任何昆虫和空中的鸟儿都飞得快，蜂鸟的平均重量跟一个便士差不多，蜂鸟翅膀肌肉占去了体重的1／3，如果蜂鸟有天鹅那么大，它的翅膀会有一辆学校班车那么长，蜂鸟的翅膀扇动特别快。并且，它飞行需要很多能量，因此它每天吃相当于自己体重一半的花蜜。

话题：鸟　飞行

　　仅仅四类动物——鸟、昆虫、蝙蝠和翼手龙（现已绝灭的能飞行的爬行动物）——有飞翔的能力。鸟儿在飞翔时扇动翅膀来产生升力。与其他同样大小但只是行走或游泳的动物相比，鸟儿在空中飞行需要有更轻更有力的身体。飞行时，鸟儿们振动翅膀。当鸟儿振动翅膀时，翅膀的尖端扭动着把空气向后推，这使鸟儿向前行进，翅膀向前移动使鸟儿能在空中停住。翅膀的上部是弯曲的，翅膀的下部是平的，这使翅膀上面的空气比翅膀下面的空气流动得快，翅膀上面空气压力降低，翅膀被吸入压力低的空气中，同时，下面稍大点的气压把翅膀向上推，这给鸟儿提供了向上的推力。每种鸟儿在空中飞行的方式都不同，这是一些飞行方式的例子，拍动、拍动、拍动——直线飞行，拍动、拍动、拍动——绕圈飞行，拍动、拍动、拍动——盘旋和

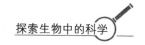

滑翔。

　　鸟的羽毛有许多作用。鸟的羽毛轻，能使鸟儿停在空中，这也有助于鸟儿的飞行。羽毛为鸟儿求爱提供了色彩艳丽的装饰，它也是很好的伪装，羽毛还可以帮助鸟保持体温。鸟儿的皮肤里有特别的肌肉，用来抖动，蓬开羽毛，又带有相似的肌肉，它们是隆起的肿块，蓬松的羽毛形成更厚、更温暖覆盖物。当鸟儿碰到可怕的敌人时，蓬松的羽毛也使鸟儿看上去更大，鸟儿通常一年换羽两次，在春天换去一些旧羽毛，长出新羽毛，它们在秋天还有一次彻底的换毛。

让人惊恐的距离

野生动物和家养动物之间的区别之一是它们对惊吓的不同反应，当鸟飞走之前你距它有多远？

材料：标志物（如：石块或碎布）；纸；铅笔；鸟类鉴别指南——任选。

步骤：

1.进行一次散步，当你看到一只鸟时，在脑中记住它的准确位置（找一个标记来帮助你，例如：一块大石头或形状奇怪的树）。

2.拿一个标志物在手中，慢慢走近这只鸟。在鸟飞走的那一刹那扔下标识物。

3.步测出标志物和鸟飞走之前落点的距离，记录下这个惊恐距离和鸟的种类（例如：红嘴大鸟）。

4.一种特定鸟的平均惊恐距离是多少？哪种鸟允许你走得最近？哪种鸟有最长的惊恐距离？最长和最短的惊恐距离相差多少？吹口哨和喊叫是如何改变惊恐距离的？怎样才能更加接近同一只鸟？

5.扩展活动：你能测出其他野生动物的惊恐距离吗（例如：松鼠、兔子）？

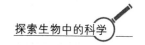

话题：鸟　飞行

　　鸟是非常胆小的动物，突然或快速的运动都能使它们惊飞。一只鸟让你走近的距离是一定的，然后就飞走了。这个距离就叫作"惊恐距离"。有些鸟的胆子非常小。惊恐距离的远近随鸟的种类不同而变化，同时也取决于鸟是否习惯于有人在周围活动。许多动物不会飞到高空躲避天敌，在受到惊吓时会呆立不动。然而也有些动物，它们有很强的好奇心，会停在那里仔细观察物体运动的原因。

　　一只蛋其实是一个单细胞，它被用来产生新生命，对大多数鸟类，当一定数量的蛋被产到窝里后，产蛋过程就结束了。例如家雀，总的来说它只能产四五枚蛋。但如果当它产蛋时将蛋拿走，这只鸟就会连续产生50枚蛋，这时卵巢已经筋疲力尽了。很显然，家雀需要看到有一定数量的蛋在巢里才会停止产蛋。当这只鸟发现一只蛋丢了，就会再下一个补上，这种行为鸡也有，也就奠定了蛋鸡业的基础。鸡蛋分两种：一种是供人煮煎或烤蛋糕食用的，另一种是来孵小鸡用的，那些用来孵小鸡的蛋是经过雄鸡受精的。

情景再现

植物的栽种

　　植物生长是一件很奇妙的事情，也是一件很令人兴奋的事。一颗小小的、毫无生机的种子被埋进泥土里，加上适宜的水和温度，它便会发芽，然后嫩苗拱出泥土，把茎伸向天空，再利用阳光、水和各种养料来制造自己的食物。几乎还没来得及让你知道，叶子和花朵就已经出现，新的种子又开始生成了。这种从种子到植株的变化，不能不令人惊叹，而对于加拿大红杉来说，似乎更是一种奇迹。这种树木是世界上最大的生物之一，其根部周长可达31米，需要有22个人才能指尖对指尖的抱拢，它可以提供1200立方米的木材，足以可以用来建造40幢中等面积的房屋。然后这种红杉的种子却只有0.01克那么重，而长成之后的红杉重量是原来的100亿倍（相当于人由卵细胞长到成人发生的重量变化的10倍）。

　　下面的一系列活动是以两项观察几小包植物种子的活动开始的。在第三项活动中我们将对用来作可口的三明治和色拉的豆芽做一番调查；第四项活动讨论无种植物如何生长的问题；接下来的两个活动中，我们将集中观察植物根部，以及在重力作用下，植物根向地球内部生长的倾向。然后你会得到一些指导和建议，因为你必须用你娇

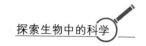

嫩的手指去栽种和侍弄那些植物。接着我们还会观察两件对植物来说至关重要的物质：光和水。植物的生长当然也需要养料，但这些养料并不一定都来自土壤，所以让我们在第十项活动中看一看水栽法——一种无须土壤的种植方法。最后的两项活动中我们将研究与植物关系密切的真菌，再试种一些酶和调查一下酵母最喜爱的食物。

植物的生长需要空气、温度、水、阳光和养料，当然也需要时间。种植某些植物需要相当长的一段时间，你需要一点耐心。每天来看它一次，记下笔记并测取它的高度，或许用照片来记录这一切会更好。这会使它奇妙的生长过程更加明了。

在简易活动和复杂活动这两部分中，我们还会有另外一些有趣的活动，来讨论植物的类型及构成植物体的各个部分。

种子调查时

种子里包含着一个植物的生命，它为这个生命储存了食物，提供了保护，并且帮助它发出芽来。现在让我们穿上短袜，徒步收集种子。

材料： 放大镜；白纸；有绒毛的羊毛短袜；几袋不同类型的种子——任选。

步骤：

1.参观一个自然区或花园空地、校园的操场，寻找不同的植物。你能够想象出植物到底是怎样传播种子的吗？

2.穿短袜做一次徒步旅行。把一双旧绒毛袜套在鞋上，然后在长满草的田野里或灌木区里走一走。当你脱下袜子时，你就会从上面摘下许多种植物的种子，用放大镜来观察这些种子，当然如果把这些种子放在白纸上，则更易于观察。这些种子到底有什么不同？它们在哪些地方又是相同的？你能拿到一粒种子，就知道它是哪种植物的吗？如果袜子变成兔子脚或是狐狸尾巴，效果会不会一样呢？

3.变化：从商店买一些不同植物种子，在颜色、形状以及大小上加以区分，这些种子在哪些方面是相同的？在哪些方面又是不同

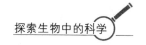

的呢？

4.扩展活动：种植你所收集到的杂草种子，看看什么将发芽？如果你把种子放在冰箱中的塑料袋内一周时间，这样的种子将会长得更好（因为在萌芽之前，种子往往要经过一个寒冬）。

话题：植物的各个部分　飞行

种子"传播"——种子被散播到广阔的区域——对于许多植物来说是一种生存的技能。它避免了在母体附近的过度拥挤，以及在一个过于狭小区域内与过多秧苗竞争。而且，一旦母生植物遭受毁坏时，这种植物的种子所在地离得越远也就越好，因为这样，幸存的机会就越大了，当然，种子是以多种方式传播的。

像马利筋属植物，蒲公英，香蒲属植物，这些植物的种子带着轻盈的降落伞形状的绒毛，使它们在被释放时很容易便被风刮到较远的地方。而枫树、椴树以及白蜡树的种子——带着它们那直升机似的翅膀——也会在风中飘浮。有一些种子要通过"驱逐"才能进入空中，碰碰宝石草的豆荚形种子的豆荚，它们会破裂成两半，种子猛地弹入空中，紫罗兰花也以这种方式来传播种子。还有大量种子——像椰子果类、美国莲花、囊状坚果以及蔓越橘——则通过在水中浮动来传播种子。把一些蔓越橘的果实扔入碗中，你会发现它们的飘浮竟会如此容易，浆果有一个蜡状外壳，割开它，你会看到有四个空气凹陷，每一个小凹陷中又都会有一粒种子。

动物和人有时会帮助种子的传播。有一些种子就像是搭便车的旅行者一样。这些种子用小小的钩子紧附着在人的衣服或动物的毛上。大家都知道松鼠具有为冬天储藏橡树果实的习性，然而，这些在收藏期稍后便不会被发现的橡树果实，事实上，恰恰被松鼠无意中种植了。有一些果实和种子会被鸟类与其他动物一起吃掉，而有一些种子则有一个坚硬的、难以消化的外壳，这样它们最后像废物一样的被扔到地上。农民围起的栅栏常会长成一排排浆果丛，鸟类蹲踞在栅栏上排泄了种子，这些种子就会发芽，一直到长成该种植物。人类可以携带着种子跨洲过洋，橘子最先只生长在中国，而黄瓜则来自印度，玉米却源于中部和南部的美洲，土豆又来自秘鲁。殖民者从自己的家乡带来了种子，有意或无意地把它们种下了。

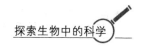

加点水行吗？

许多植物通过种子进行繁殖，当分别来自花朵中雄蕊部分和雌蕊部分的花粉混合时，一个种子也就形成了。这个种子同时也就带来了一个新生命。

材料：豆类（如利玛豆）和谷物类植物的种子；酒杯或广口瓶；纸巾；牙签；小刀；放大镜；豌豆——任选；向日葵；南瓜；花生仁。

步骤：

1.种子内部：将一些干豆类和谷物类种子放在一杯子中，浸泡一夜，清晨仔细检查一下这些种子：它们与未浸泡前有何不同？表皮依然坚硬吗？是否比未浸泡前增长了？在种子表面找到疤痕处，这里表明了这粒种子曾在此处与它所在的植物相连。种皮应该比较容易剥落。用一个牙签，小心将一个豆分成两半，用放大镜观察胚芽，植物的根将从胚芽底部生出；茎和叶则由胚芽顶部发育而成，将豆类植物和谷类植物的种子做一下比较，你可以比较容易地就剖开一粒谷物类种子吗？在谷物类种子中的到底又是什么呢？

2.种子的发芽：将几粒干了的豆类种子浸泡一夜。用一个湿的折叠了的纸巾垫在酒杯或广口瓶的内壁，再把一些湿的揉皱了的纸巾放在杯子中心处，支撑先前那块纸巾使它可以贴壁而不落。把种子放在玻璃与纸之间观察这些种子几天，适当加水保持纸的湿度。这些种子将会发生哪些变化呢？而你最先观察到的又是植物的哪一部分呢？

3.变化：把3粒等体积的干豆浸泡一夜，在把豆放进带有纸巾的杯内之前，改变提供给每粒豆的营养数量，把一个豆完整地放在纸巾与玻璃杯之间，再小心地移去另一个豆的表皮，注意不能损伤到胚芽，然后把剥下来的表皮（仍带有完整胚芽）放在纸巾与玻璃杯之间。最后把第三个豆也切成两半，但注意要使每一半上仍保留有一部分的胚芽，把这两半同样也放在纸巾与玻璃杯之间。在观察这些种子的几天中，需要按照要求加入适当的水以保持纸巾湿度，看一下这些种子到底都会发生怎样的变化？

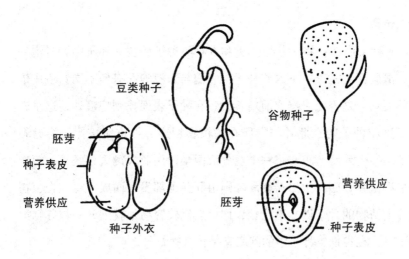

豆类种子

谷物种子

胚芽

种子表皮

营养供应

种子外衣

胚芽

营养供应

种子表皮

话题：植物的各个部分　植物生长过程

有两种子生植物：开花的叫作被子植物，不开花的叫作裸子植物。大多数子生植物都是开花的。大约有25万种开花植物，而不开花植物却只有600种。一般来说，植物的种子都由三个部分组成：坚硬的外皮，"幼生"植物以及营养供应部分。种子那层坚硬的外皮称之为种皮，种子内部微小的芽则称之为胚芽，环境胚芽的部分可称为营养供应部分，这一部分是向种子提供营养的唯一来源，它将从土壤中获取养料提供给胚芽，从而使之长成一棵植物。如果营养供应部分失去了（例如一粒豆类种子失去营养供应这一部分有大约两周时间），那么绿色植物就要通过自身的光合作用来获取养分了，豆、甜豌豆、花生都具有可以将之分为两半的种子——双种子，而只有一个简单个体的种子（如：玉米、燕麦）则为单种子植物。

一旦一粒种子到达了它的发芽点，它就会在适当水分与温度条件下发芽生长，水分可令种子变大，发芽则是种子内部的胚芽开始成长的过程。当一粒种子萌发时，它会长出根、茎，然后再发出叶。在萌芽过程中，一个重要部分就是种子中的营养供应部分，一粒种子如果没有营养供应部分，那么它的萌发将会特别不良，甚至是根本不能萌发。只带有一半的营养供应部分的种子相对前者会长得更好。但是，惟有具有了全部营养供应部分的种子萌发的才是最好的。

植物界的"嫩模"

原本是一些干的豆子，过了几天后你就可以品尝到可口的豆芽了，这可真是太神奇了，至少这种植物的生长看起来是不可思议的。

材料：60厘米长的干豆（中国人在烹饪中用绿豆，黄豆比其他豆类发芽慢）；碗；水；过滤器；毛巾。

步骤：

1.将你所选择好的豆铺开，再认真挑选出完整的种子。将那些不完整的或者已经破裂的种子扔弃。

2.将选出的种子冲洗干净，放在水中浸泡一夜。

3.早晨，将浸泡过的种子放在过滤器中，铺成一层，然后用毛巾盖上。

4.豆只能在黑暗潮湿的地方，才能正常发芽。用毛巾一直盖住豆，并且用温水浸湿它，一天做2—3次，一直到你确信豆已浸泡好为止。

5.只要3天时间，豆芽就会有5—8厘米长。当然，你就可以食用它了。如果你愿意，也可以把它们放在一个密封容器中，放于冰箱中贮存，这种保存方式可以使豆芽能保鲜大约一周时间。

话题：植物生长过程

西瓜籽有两种颜色：黑色和白色。在大小、形状以及结构上，二者还有何不同吗？用小刀分别割去两粒种子的外皮。再纵向将籽切成两半。用放大镜观察，每一种种子都包含植物生长所必需的胚芽吗？将两种种子种下，观察一下哪一种会萌发。

如果外面太冷，不能在花园中栽种的话，就在室内种吧。用土装满一个空箱，种下混合的水芹或皱叶欧芹种子。然后翻一下土壤使之与种子混合。用塑料布将盒子盖上几天，但务必保证土壤的湿度，却不要太湿。当植物长到5厘米高时，就可以切下来用作沙拉或三明治了。你也可以运用此方式来种植甜菜。

当一种幼苗要从种子中钻出来时，我们就把它称之为"发芽"。大豆、豌豆以及其他植物都可以在它们萌芽过程中被食用，豆芽是最为美味而脆口的。中国食谱中常会看到豆芽菜。它们也能使色拉和三明治更加清脆、爽口，并且可以在很短的时间内就很容易地长出来。

看看"妈妈"，没有"种子"！

有许多植物并不是由种子发展来的。种植一个土豆和胡萝卜，然后再试试其他植物，看看到底会生长出来什么？

材料：胡萝卜；白土豆（一个带有薄皮及小眼的煮过的土豆为佳，而那种厚皮烤过的土豆则可能降低了发芽的能力）；小刀；酒杯或者广口杯；牙签；陶罐；盘子；水；水罐；盆土；地瓜——任选；甜菜；圆葱和（或）大蒜；萝卜。

步骤：

1.胡萝卜：胡萝卜是很容易生长的——即使它裸露出地面已有一段时间。将胡萝卜顶端的绿叶摘去（将绿根留下）。把距绿根5厘米以下的部分割掉，然后把它放在注满水的酒杯或广口杯中，把三四根牙签一端插入胡萝卜中，另一端冲向玻璃杯边缘。使水浸过胡萝卜底部1厘米深，把杯子放在阳光下，但不要让阳光直射，按需要加水，大约一周时间，从胡萝卜顶部就会生出细嫩柔软的绿色小芽。假如你使胡萝卜始终留在水中，那么生出的小芽将不断生长。当新长出的芽愈加繁茂时，胡萝卜又会发生什么变化呢？

2.土豆：用盆土将一个陶罐装满，将陶罐放在盘子中，慢慢浇水，直到水漏出盘子。切开一块带有小芽的土豆，在土中戳个小洞，使它比土豆块的大小稍微大一些，把土豆块埋入洞中，使芽向上，保持土壤湿润，但不要过于湿。在一周或更长时间过后，将会发生什么变化？

3.变化：利用栽种胡萝卜的装置，试种一下地瓜、甜菜、大萝卜、欧洲防风、圆葱、大蒜或者萝卜。

4.扩展活动：试种一块无芽土豆，如果你只种芽，会出现什么情况？如果你种植了整个土豆，又会怎样呢？

5.扩展活动：试着在土壤里种植胡萝卜、甜菜、地瓜、大萝卜、欧洲防风、圆葱和大蒜。

话题：植物生长过程　植物的各个部分

有一些植物通过蔓藤来繁殖，蔓藤是一种依赖植物的茎来生长的特殊生长方式。蔓藤从主茎上生长出来，形成新的根和一棵新的植物，有许多常见草类依靠此种方式生长，新种子开始时可能只是一层小薄外皮，但是它不久就会变厚，直到长成一片繁茂的草坪。草莓和一些常春藤也都是通过此种方式繁殖的。

种植土豆时，你既不需要种子，也不需要花，尽管土豆这种植物既有种子也有花。科学家们也会利用种子来培育新的土豆品种，农民们却只依赖"土豆种子"来获得新的土豆，但是，仍有相当部分植物可以通过附根和附茎来自我繁殖，这种根茎有大量营养能量，可以提供给新生成的植物体。一个要从母体中生长出来的新的胡萝卜，它最初所需的能量就来自母体中的贮藏，只有当很多绿叶长出后，新的胡萝卜体才能通过阳光获取能量。土豆上的芽来自土豆表面的"眼"或"芽蕾"。土豆的白浆部分给芽提供营养，它的作用类似于种子中的营养供应部分。一旦茎与叶出现了，新的植物体就会利用光合作用继续生长，一个芽可以长成一个能生出很多土豆的新的植物体。

根部仔细看

扦插是一种不用种子就可以繁殖新植物体的办法。这恰为我们观察植物的根部提供了一个好机会。让我们用一个叶片种出棵新植物吧！

材料：一棵长势很好的植物（如非洲紫罗兰、天竺葵、常春藤）；小刀；水；细高的玻璃瓶或大试管；放大镜；黑色图纸；炭棒（可从宠物店购得）——任选；盆土；陶罐；盘子；可溶于水的植物肥料。

步骤：

1.在切割植物前先浇足够的水，并要确保所选植物体生长良好（不可以选取已变为了木质的茎），从植物体上小心割取一段生长良好的叶片（包括叶片的叶柄）。

2.将叶柄放在玻璃瓶或试管中（瓶或管中要注满水），而叶片则要露出水面。你可能会想再加一些炭条到水中，用来吸收可能会产生的有毒的化学物质。

3.将切下部分放在一个靠近窗户的温暖的地方（但不要有直接的强光照射）。

一棵黑麦植物体会有许多根，如果把它们连成一条直线，那么总长度将会超过570公里。

127

按需要加水。

4.几天之后，你会看到有根从茎的底部生出，用放大镜观察根部，将根放在黑色图纸上，会使得白色根须扩展开的网络更为清晰可辨。

5.将切割部分放在水中几天时间。每个月加入一滴可溶于水的植物肥料（在加肥料之前，按生产厂家说明用量的1／3将其稀释）。

6.扩展活动：一旦切割部分已长出一个比较完整的根部系统后，就进行栽种。用盆土将陶罐填得近乎满罐，再在盆土中挖个小洞，将切割部分放在小洞中。沿茎四周将土压实，放在窗户附近。保持土壤的温度，但不要过于潮湿。最后，切割部分就会发出新芽，而你也将拥有一棵完整的新植物了。

话题：植物的各部分　植物生长过程

有一些树具有长长的而又渐渐变细的"主根"，看起来就像一个地下树干。已知的最长的直根当数南非的一棵巨大的无花果树——直根长达130米以上。其他树木，像橡树，它们的根在地下展开的形状与地面上枝干展开的形状是极为相似的。

植物的根有两个主要功能：其一是固定植物；其二则是聚集水和养分等物质。根不能在干燥的土壤中生存，它的生长需要一定湿度。通常情况下，大部分根生长在地下，所以你只有挖掘过后才能发现它们。通过扦插种植植物，可以使我们看到它的根。

"无性生殖"是一种仅仅依靠母体一方而进行繁殖的方式。一株植物体的茎或叶可以被部分切割后放于水中。这一部分将会生出根并长成一个与母体完全相同的新的完整植物体。例如：所有蛛网形植物都是挂在母体上的，它们都是无性生殖而来的，它们也可以被切离而再长成一棵完整的新个体。再生中一种更为复杂些的形式是嫁接。它是通过切割部分与另一种植物连接而完成的。通常，茎上的一根枝条被从植物体上切离后，可以再嵌入另一棵植物的茎或根中。无籽枯树就是通过这种方式来繁殖的。

根之"凌波微步"

在种植种子的时候，你根本不必担心如何选择一个恰当的种植位置，因为植物本身会具有一定的选择方向性。试试愚弄一下植物的根。

材料：豆类种子（它们生长得较快）；酒杯或广口杯；水；纸巾。

步骤：

1.把8—12棵豆类种子浸泡一夜。

2.用湿润折叠的纸巾垫在两个酒杯或广口杯内壁，再取一些湿的皱皮纸巾填满玻璃杯中心，从而支撑出先前的纸巾，使其始终紧贴内壁。

3.把一半豆放在一个杯子中，另一半豆放在另一个杯子中。豆应放在纸与玻璃之间。它们被放置的位置应有所不同——水平的，垂直向上的，垂直向下的，在一个角落里的。确保豆与豆之间有一定距离。

4.观察几天，加入可以使纸巾保持湿润的一定量的水。看一下，种子将会发生哪些变化？根又是朝哪个方向生长的？它生长的方向是否与你放置种子的方向有关？

5.当根部长到几厘米长之后，将两只杯子中的一只侧倒平放。

6.再观察这些种子几天时间，依然要保持纸巾的湿度，看一下每个杯子中的植物都会再发生什么变化？茎与叶子又是朝哪个方向生长的？

话题：植物生长过程　力

榕树是一种"一树成林"的巨大植物，而且它的根生长在空中。榕树的生长是这样的：当鸟吃掉微小的果实并可能将其中一粒种子掉在树冠上时，从这棵种子上就会生出根来。这个根蜿蜒着伸向地面，吸取足够养料后，长成一个树干。而那粒种子，仍然悬在空中，并且生枝长叶。新的"空中的根"又从树干中长出，再向地面延伸，一直到这棵树在地面上扩展几英亩之广。在印度，整个一个大市场完全都可以在一棵榕树下建成。

"向地性"（希腊语，意即"朝向地球"）使得植物生长的方式与重力休戚相关，消极的向心当属茎的生长，它的生长方向与地球中心相反，积极的向心是根的生长，它的生长方向是朝向地球中心的。种子的生长与重力相关，无论你将种子怎样放置，它总会生长出一个始终向地生长的根和一个向上生长的幼枝。植物顶部的微小颗粒反作用于重力，有助于调整幼苗的生长方向。植物的生长对重力的依赖是如此之大，以至于当把它们放在一个失重箱中时，它们会不知所措地向四面八方生长。

绿色微点检测中

选一粒种子，种下，并观察它的生长过程。在种子萌芽之前，可能会有很长一段时间。但是如果你肯正确观察你的植物的话，相信你的耐心会有回报。

花生很易发芽，并长成一种很可爱的植物。找到一些新鲜未烤过的花生。你可以在种子店或一些蔬菜店买到。在你种花生之前，先将外面的壳剥去。在植物生长过程中，你会看到在夜晚花生的叶会交叠在一起，而清晨它们又会分开。

材料： 种子（从室外或你吃的食物中获得，也可购买）；陶罐或其他容器；土（最好是盆土）；碟；泥刀；水；水罐或洒水器；胶带纸；锤子和钉子——任选；圆石子；豆类种子；装鸡蛋的纸箱。

步骤：

1.首先决定你要种植哪种植物，你又会从哪儿得到它们。对于新手，生菜、草本植物或是花，都是较好的试验品。有很多种生菜可供你选择，像红叶莴苣或黄油莴苣。你劳动的回报将是一盘新鲜、味美的色拉，许多被用来调味的芳草的种子，是很易于生产的——像皱叶欧芹。一些花的种子也易于生长，像牵牛花、金盏花。

2.已经干化了的种子（从商店买来的种子往往会这样），请先浸泡一夜，然后再立即栽种。而新鲜的种子则无需浸泡。如果你想种一个桃核，那么你最好先用一个可以轧碎坚果的钳子把核桃上的小坑撬破，这样新的桃苗会很容易生长出来的。

3.种植植物时所用的容器当以陶罐最好，但是你也可以选择其他任何一种容器。你如果选择了塑料或金属器皿，就要用锤子和钉子在容器底部打几个小洞，为了增强排水性，在你放土之前还可以扔进几个小石子。

4.把每一个罐子里都填满土，然后加水。让土壤在容器中固定下来。土壤像一块可以被拧出水的海绵，但却不能太湿润。把一个盘子放在罐的底部来接渗出的水。

5.把一粒种子种到土中，用手指在土壤表面压几下。注意种子种植的深度，因为被埋得过深的种子根本不会发芽。假如你的种子是从商店买来的，那么读一下包装袋后面的说明，看一下种子埋下的适宜深度。总体来说，较大的种子，像利玛豆，种5厘米深是适宜的。小体积的种子，像红萝卜、圆葱、胡萝卜，就应该浅一些，5毫米的深度将是适宜的。

6.你种下的种子中可能有很多都不会发芽，但是你种下的越多，那么你得到的发芽种子的机会也就会越多，把至少4到5粒同种植物的种子放在一个罐里，使种子间留出一些距离。一旦有种子萌芽，你便可以取走所有剩余的种子，倒出足够空间以便这些最苗壮的种子生长。

7.栽下种子后，轻轻拍土，再浇水，小心别损坏任何细小的种子。你最好用浇花器来轻轻地浇这些种子。

8.给每一个罐子加上标签，写上植物类型和种植日期。

9.每天检查一下土壤，确保它的湿度。因为一旦种子干化，就不会发芽。在你看到变化之前大约要一周时间。在植物还没长出之前，仍要坚持浇水，这看起来有些滑稽。但是请相信，你的耐心一定会有所回报。

10.当种子萌发后，将花盆移到窗子附近，但要避免阳光直射。你可以把花盆放在室外，但如果有暴雨或者可能损伤这些种子的鸟类、动物时，就要把它们搬回室内。

11.按计划浇水，保持土壤的湿润，每两周你可以施一些肥料。

12.最初，幼苗看起来非常相似，但是当植物生长得越来越大时，它就会看起来特别有趣。当植物长得更高些以后，它可能需要一些支持物（比如一根方便筷）。

13.变化：由于生长过程缓慢，我们很难欣赏到植物生长整个过程中的变化。在一个鸡蛋盒里用土装满12个小洞，每天在其中一个洞里种一粒豆类种子（或其他种子）（记住种植已干化了的种子之前要先浸泡一昼夜）。每天浇水（或许你还想在鸡蛋盒上挖些排水洞）。12天以后，你就会拥有12棵正在生长中的植物了，而每一棵植物却又处于不同的生长阶段。

14.扩展活动：你可能想将一株植物从花盆中移到花园里。那么请千万小心地移栽，否则植物很可能会死去（由于"受惊"不适），尽可能挖出并移栽整个根系，并保留根旁边的一团原土。挖一个新的坑，应该大于要移栽植物的根系，这样才不会使根挤或缠到一起，当

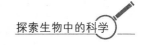

你移栽的时候，注意要拍紧根之间或者根四周那团土下面的土壤，不断向下拍，以避免留下一些空气孔洞，然后浇水。

话题：植物生长过程

植物的种子来自你日常所吃的蔬菜与水果。比较容易生长的有橘子、柚子、西瓜、南瓜和绿辣椒，在种植物之前应该清洗掉种子表面的果肉部分。如果你不能立刻就种植一些种子，而要把它们放置几天，甚至风干后再使用，那么你最好避免风干下列植物的种子：橘子、仙子、柠檬，必要的话，你可以将它们浸在水中待用。

植物的生长需要空气、温度、阳光、水和养料。它们利用这些东西来制造自己所需的食物。养料通常会从植物生长地的土壤中获得，盆土最适合于小的盆栽植物，但是一些新手只想简单地从地面上挖走一些土。事实上，只有黑色而疏松的土壤，才会使草或其他植物苗壮生长，因为这样的土壤中易含蚯蚓，这是很有助于土壤优化的。

苹果、梨、桃、李子、樱桃的种子来自那些生长在冬日很寒冷地区的植物上。种子经过一个寒冬，再在春季发芽。模仿这种周期把种子放在一个装有湿润泥苔藓的塑料袋中（你可以在植物店买到泥苔藓）。把塑料袋放在冰箱中大约3个月。然后将种子从苔藓中取出种植。你需要种下至少10粒种子，因为木本植物的种子并不会像其他植物种子那样爱发芽。

光的作用

你所必知的光的作用，光是植物需要生长的元素之一，用种子和光做一下实验，让植物穿过一个迷宫来寻找阳光。

光能够决定很多花开放和闭合的时间。很多花，例如蒲公英，在白天开放，所以蜜蜂或其他白天活动的动物能够帮助它传播花粉，同时还有一些花，例如婴草花，整个白天都闭合着，然而却在夜里开放。

材料：豆种子；两个饮水用的玻璃杯或坛子；水；纸巾；黑色的图纸；胶带；分成两组的盒子（例如带有盖的鞋盒子），剪子；一株盆栽的健康的小植物（豆类植物是一个很好的选择，因为豆类植物生长非常迅速）；水罐子。

步骤：

1.在黑暗中的种子：把几粒干的豆种子浸泡一夜，把两个饮水用的玻璃杯或坛子的内部用湿的折叠的纸巾垫衬起来，用湿的弄皱的纸巾填满玻璃杯的中央，使纸巾靠着玻璃杯，在每个玻璃杯中放入几粒种子，种子一定要放在纸巾和玻璃杯之间，用黑色的图纸把其中一个玻璃杯全部包裹起来，与此同时，使另一个玻璃杯充分接触到阳光（注意要使纸巾保持湿润）。观察并浇灌这些种子几个星期，只有在浇水和检查生长状况的时候才打开玻璃杯外面的包装纸，哪个杯子里的种子生长得快些？这两个杯子里的幼苗有什么区别？种子需要阳光才能成长吗？

2.植物迷宫：当具备充足阳光的时候，植物能够穿过迷宫吗？拿来或做一个被分为两部分的盒子，将两部分之间的隔板打穿，形成一个圆孔，这样在盒子的一个角落和另一个远角之间就形成一条路径。在盒子的远角的斜面上挖一个较大的圆孔在距离这个较大圆孔较远的位置上，把一株生长状况很好的小植物放在这条路径起点的角落上，覆盖上这个迷宫使阳光只能通过这个小孔照射进去，定期掀去盖子，浇灌一下此植物，大约一星期之后，发生了什么？叶子的颜色起了什么样的变化呢？植物是朝着阳光生长的吗？

话题：植物生长过程

种植两株相同的植物，把它们放到同样的土壤里，并且同时给它们浇同样数量的水，但是一定要把其中一株植物放在窗户的附近，把另一株植物放在一个黑暗的橱柜里，这点区别是非常重要的，我们不用花费太长的时间就会发现阳光对于植物的生长起着多么重要的作用。植物需要阳光来制造食物和生长能量，阳光对于植物起着如此重要的作用，以至于即使有极其微弱的一点光源，植物也要向着它生长。从迷宫的实验中我们便可以证明这一点，植物的向阳性正说明了植物朝着阳光生长的趋势。室内植物经常朝着附近窗户有阳光的方向生长，为了得到最大量的阳光，几乎所有的叶子都转向了阳光的方向。

植物需要阳光来生长，但是种子却不需要，种子被种植在漆黑的地下，在这种情况下，一个种子之所以成长是因为它使用自己所储存的能量，如果种子被放置在黑暗中，它将长出一个非常长的茎来寻找阳光。当种子真的成长为需要阳进行光合作用的幼苗时，这根长茎会使这株植物长得非常强壮。

光与水的作用

水是植物生长所需要的重要元素之一，过多的水是否会对植物产生不良影响呢？做这个实验你就能弄明白了。

材料：豆种子；萝卜种子；10个泥土盒或其他容器；用来排水的板子；盒装的土壤；水；水箱；纸；铅笔；用来标注盒的胶带纸；大容器——任选。

步骤：

1.把萝卜种子与豆种子浸泡一夜。

2.把10个装泥土的盒子或其他容器用土壤几乎填满。

3.把萝卜种子种在其中5个盒里，把豆种子种在另外5个盒里，把种子种到包装上建议的深度。

4.除了浇水量之外，所有的装土的盆的其他条件（如土壤，光，温度等）都要一致，把装有豆种子的盆排成一行，放在末端的一个土盆不浇水，对邻近的土盆添加一点水，第3盆里的水要比第2盆里更多一些，第4盆比第3盆获得更多一点水，最后一个土盆要始终泡在水里，如果土盆有排水孔把它封贴好或把土盆放到一个装满水的大容器里。本实验总的想法就是使水从无到多，逐渐变化。用同样的方法对萝卜子加以实验，把所有的土盆用杯签贴好。

5.把每天每盆获得的水量及浇水的次数记录下来。

6.大约在一个星期后，把种子从盆中挖出来它们看起来像什么？比较一下萝卜种子与豆种子，种子需要多少水？最好的浇水量应该是多少呢？

话题：植物的生长过程　科学方法

把绿草种植到一个非常普通的海绵上，使海绵湿润并把它放到一个很深的容器里，在海绵的上面稠密并均衡的撒播种子（如萝卜籽或草籽）。每天对海绵进行浇灌，用一个喷水的瓶子轻微地喷洒，添加正好足够的水从而使少量的水流到容器的底部。为了保持温度和湿度你可以用一个碟子或塑料布等盖住海绵，大约在一个星期的时间里，你将会拥有一个海绵花园，这些植物将会继续生长多长时间呢？

大多数植物生长需要相当长的时间，但是竹叶草却不是，竹叶草是世界上最高的草，它以每天1米的速度生长。

种子发芽是离不开水的，水同时也是植物生长所必要的，但是如果种子或植物得到过多的水，它们反而会死亡。过多的水不但不会促进种子的生长，相反地，它会使种子腐烂。一个植物的根需要水，但是它们同时需要氧气，过多的水使植物生长所必需的氧气不能供给植物，从而导致了植物的死亡。

无用武之地的土壤

养分是植物生长所必需的重要元素之一，但我们不一定非在土壤里得到养分，我们可以不用土壤种植植物。用以下这种特殊的方法试一下。

材料： 豆种子（因为它们长得较快）；塑料盆或土盆；塑料容器（如装果汁的塑料水壶）；水；大的塑料水箱；长条胶带；花店里卖的蛭石和水栽培用的肥料。

步骤：

1.把几粒豆种子浸泡一夜。

2.清洗所有要用的容器。

3.用长条胶带封住盆底部的排水孔的一部分，使排水孔变小，否则蛭石将会流出去，用蛭石几乎填满土盆。

4.把种子种植在盆里，把种子埋到种子包装上所建议的深度。

5.把土盆或塑料盆固定到塑料容器的上方，这样做的目的是让水能够从底部的孔中完全流入到容器中。

6.在第一星期中，用普通的自来水浇灌种子，（种子可以自己获得食物）每两天仔细浇灌一或两次，这样的话种子就可以始终保持湿润而不潮湿，向盆里浇水直至水几乎覆盖了蛭石的表面，水应该缓慢地流出盆底（大约几分钟）。

7.一星期之后，按照包装上的说明混入一些栽培用的肥料。现在豆芽需要肥料中的养分，每天浇一至两次水使蛭石保持湿润。因为光合作用在夜间停止，所以不要在夜间浇灌。把肥料溶液灌入盆中直至几乎填满蛭石的表面，肥料的溶液应缓慢从盆里排出（大约几分钟），可以重新使用从容器中收集出来的肥料溶液。

8.每隔一周配制一次新鲜的肥料溶液。

9.当秧苗破土而出的时候，把它们放到明亮的地方，但是不要在阳光下直射。

10.为了给生长旺盛的秧苗提供更多的生长空间，拔掉其他生长不旺盛的秧苗。

11.变化：如所描述的那样放好两个盆，其中一个只用自来水浇灌，用水栽培溶液浇灌另一个，比较一下植物的生长状况。

话题：植物生长过程　土壤　资源

水栽培是指植物不需要土壤而仍然生长，植物所需要的养分都被包含在水中。一百多年以前，现代的水栽培技术就开始发展了，今天，既有室外的水栽培花园，又有室内的水栽培花房，水栽培技术有很多优点。在土壤条件不利于作物生长的情况下，水栽培是良好的选择，通过水栽培，大批的商业作物可以被提放到市场中，与传统的栽培方法相比，它需要更少的水分，因为水可以再循环，同时水栽培避免了杂草与害虫对作物的不良影响，但是不利的是运用水栽培技术成本特别高。

除了供应养分外，土壤还可以使作物直立，以确保它的生长，在水栽培中蛭石（在压力的作用下膨胀的花岗岩）可以用来确保作物直立，还有一些水栽培花园使用碎石、碎木头块、压碎的砖头或粗硬的沙土，作物只有在确保其直立及确保温度湿润的条件下才能生长，但同时作物的根部需要空气，所以在水栽培中，排水起着至关重要的作用。根部只能用水栽培用的溶液大致浸泡一下，但一定要定期浸泡。在水、空气和养分之间有一个相当细微的平衡关系，在大的室内水栽培花房中，供给食物与排水是用机械完成的，养分溶液在花床中不断地抽入与抽出，无论种植者选择什么样的地方种植作物，为了预防疾病，他一定选择无菌的土地。同时，使用的容器（如盆或水箱）不要是金属制的，否则金属将会与养分溶液发生化学反应，对作物造成不良影响。

霉园大观

一些科学家认为菌类植物并不是植物王国的一种，然而至少菌与植物有着极为密切的关系，下面建立你自己的霉园。

材料：少量各种各样的食物（如水果，蔬菜，不添加防腐剂的面包等）；塑料袋；绳子；土壤或尘土；水；纸巾；放大镜；装番茄汤的罐或一些小容器——任选；塑料围巾；胶带；面包屑；土壤。

步骤：

1.把少量的食物收集起来，检查塑料袋是否有漏孔。

2.把各种食物分别放进各自的袋里，向每袋里放入一张潮湿的纸巾，为了使芽苞产生霉，你可以同时放入一捏尘土或土壤。

3.在每个袋里注入一些空气，然后用绳子系紧袋子，把袋子放在一个潮湿、黑暗的地方。

4.几天之后，霉就会在袋里出现，通过放大镜仔细观察一下霉。不要打开袋子，当你完成观察霉之后，不要打开袋子并把袋子扔掉。扔掉后，洗一下手。

5.这些霉一共有多少种颜色？它们看起来像什么？不同的食物上长出了不同的霉了吗？每个袋里是否多于一种霉？

6.变化：把一些番茄汤直接倒入几个小容器中。向每个小容器中撒入一些面包屑，在你的手指与地板摩擦后，把它浸入另一容器里的汤中，向第三个容器中撒入一捏土壤，用胶带把容器系紧，然后把它们在一个湿暖、黑暗的地方放几天，会发生什么现象？

7.扩展活动：你能种植出一种引人注目的霉吗？试验一下食物、水、光和热的不同组合，来看一下在什么条件下霉的生长状况最好，为了及时了解情况，在每个塑料袋上贴上标签。

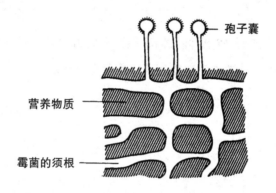

话题：微生物

菌没有叶绿素，所以不能制造自己的食物。由于不同的霉的作用，我们的很多食物都成了垃圾，这一点正说明了牛奶为什么会变酸，肉会腐烂，奶酪会发霉，苹果汁变硬，鸡蛋为什么会变臭。绿色植物生长需要水、温度和阳光。菌需要湿度和温度，适合在黑暗处生长。现今一共有十万多种不同的菌。一般来说菌被划分为以下基本几类：蘑菇、酵母、花霉、松萎病、锈菌、黑穗病及霉，因为霉有不同的颜色：白、黑、蓝、灰、绿、红、橘黄、粉黄、紫色、蓝等色彩，所以霉充满了乐趣，这些颜色及干燥的阴暗的面粉状的表面是由数以百万计的胚芽形成的，胚芽与种子一样生长，每一个胚芽都可以生长成一个新菌。当条件适宜时，一些菌便可以结出带有胚芽的果实，如蘑菇等，但是，大多数霉却不会结出果实，它们有针头大小的胚芽鞘，每一个胚芽鞘又包含数以千计的小胚芽。霉对于人类帮助很大，它被用于制造奶酪，从青霉菌中提炼出来的青霉素在医药中有着举足轻重的地位。

是少量的柠檬吗？也许我们应该称它们为少量的霉，如今大多数柠檬酸都是由一种被称为曲霉病菌的黑色霉制成的。

气球吹吹吹

酵母菌生长需要食物，因为它不像绿色植物那样能够自给自足，对于酵母菌来说，什么是最好的食物呢？用气球来观察一下。

材料： 3包酵母菌；玉米糖浆；面粉；无味的水骨胶；无甜味的葡萄汁；大的量杯；坛子或其他容器；大汤匙；4个750毫升的干净的玻璃饮料瓶；4个大气球；胶带纸；钢笔；线；大的毛巾；牛奶——任选；番茄汁；玉米黍淀粉；糖蜜；植物油；咖啡。

步骤：

1.在坛子或其他容器里混合24毫升的温水和3包酵母菌。

2.在量杯里，混合120毫升的玉米糖浆和4汤匙的酵母溶液，把它们的混合物倒入一个饮料杯里，为了便于区分，用胶带纸在瓶子上做好标记。

3.清洗量杯，混合120毫升面粉，120毫升水和4大汤匙酵母菌溶液，把这个混合物倒入第2个饮料瓶中，并在这个瓶子上做好标记。

4.清洗量杯，混合120毫升的水骨胶溶液（根据包装上的说明准备溶液）和4大汤匙的酵母菌溶液，把这个混合物倒入第3个饮料瓶中并做好标记。

5.清洗量杯，混合120毫升的葡萄汁和4大汤匙的酵母溶液，把这个混合物倒入最后一个饮料瓶中并做好标记。

6.通过向气球里吹气，然后放出空气，使4个气球松弛，在每个饮料杯的嘴上套一个气球，为了不使空气进入或跑出瓶子，用细线把每个瓶口系紧。

7.把所有的瓶子都平放到一个温暖的地方（用一个打卷的毛巾把瓶颈垫起来，这样瓶里的液体就不会流入气球），每隔半小时就检查一次这些瓶子，拿起每个瓶子，轻微地晃动里边的液体，然后再放下，每个瓶子里发生了什么现象？你在哪个瓶子里看到小气泡了吗？（说明酵母菌在活动）两个小时之后，哪个气球是最大的？对于酵母菌来说什么是最好的食物？打开每个瓶子并闻一下里边液体的味道，你能闻到酒精味吗？一定不要舔任何液体。

8.扩展活动：试验一下其他食物（如牛奶、番茄汁、玉米黍淀粉、淀粉、糖蜜、植物油、咖啡等）。

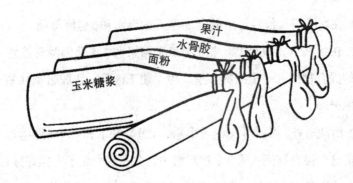

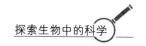

话题：微生物　科学方法　化学反应

　　酵母菌是一种微小的单细胞的菌类，椭圆形或圆形的酵母菌主要是通过发芽或有时通过孢子来再生的（细胞表面的一块小肿块不断增大直到形成一个小围墙并继而形成一个新的细胞）。一包弄成粉状的酵母菌看起来不像是活的，然而它们却是活的。如果条件适宜（如糖、水、空气、温度），酵母菌将会成倍增长，在这个实验中，酵母菌有四种食物可供选用：糖浆（部分加工的糖）、面粉（含有高淀粉）、水骨胶（具有高蛋白）和葡萄汁（天然糖）。气球膨胀的原因是酵母菌在生长过程中不断放出二氧化碳。酵母菌生长的时间越长，二氧化碳也就越多，随之气球膨胀的程度也就越大，所以哪个气球最大哪个气球里的食物也就最为酵母菌所喜欢。

　　在面包和酒精的制造过程中，酵母菌得到了广泛的应用，在酵母菌的生长过程中，酵素随之而来，这种酵素能够把糖和淀粉分解成更为简单的化合物（如二氧化碳和酒精），这个过程叫作发酵。酵母菌能使面包有更清淡和更好的味道。放入面包面团里的酵母菌能够产生酵素，这种酵素能够把面包里的淀粉分解成糖，继而分解成酒精，当烘烤面包时，面包里的酒精就会蒸发掉。

野生动物观察者

生物这个主题包括"情景再现"活动。你可以以一个系列做这些活动，或只选择你感兴趣的。

你不能只从书本上了解生物。你必须亲自去了解它们继而去鉴赏他们。你必须到它们的栖息地去"访问"它们，或邀请它们来访问你。你可以去一个非常好的动物园。对野生动物进行观察需要有耐心，但却很值得。很多人经常对他们身边的动物感到惊讶，因为他们以前从来没有见过这些动物。

无论你什么时候观察一个动物，都要为以下问题寻找答案。它是什么颜色的？它有多大？它如何移动？它如何观察身边的事物？它有几只眼睛？它如何听见身边的声音？它吃些什么？它如何呼吸？它如何睡眠？它如何保护自己？它是什么科的动物？一个精于识别动物的向导可以帮助你解决最后一个问题。但一定要记住，动物的名字是什么并不是十分重要的。除非人们能够区分出各种动物的独特之处，否则名字并没有什么意义。

我们可以从寻找土壤中的动物开始这一系列活动。在简略地观察一下两栖动物和爬行动物后，我们应该把焦点集中在哺乳类动物，鸟类动物及昆虫类动物上。在第3项和第4项活动中，我们应该从大体上评估一下动物，做一张观察野生动物用的地图。为了观察时不惊动动物，我们在观察时，要做一个天然屏障。在接下来的两项活动中，通过所提供的如何找到哺乳动物的线索以及寻找松鼠窝的方法，找到些动物，找到后仔细观察一下哺乳动物。接下来的活动主要包括如何吸引鸟类及建巢的方法。第8项和第9项主要是提示我们如何识别各种鸟和昆虫。第10项活动主要涉及如何建立自己的昆虫乐园。在接下来的两项活动中，我们主要建立一个蚂蚁王国和虫类王国。最后一项主要研究夜间活动的动物。

在生物这个主题中，简易活动和复杂活动中的相关部分对观察野生动物这一系列活动起到了很大的作用。例如：这些活动包含了动物的身体部位和踪迹，并且向我们介绍了这些基本概念，如动物的分类，动物的适应能力，捕食与被捕食动物之间的关系等。

当你在野生动物的栖息地观察它们时，一定要记住基本原则：只记笔记，拍摄照片和留下的脚印。

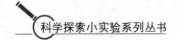
从简单入手

线虫是一种非常简单的动物。它们看起来就像一段正在移动的线。做一个Berless，漏斗来寻找线虫和其他土壤中的动物。

材料：罐（两个底都被除去）；漏斗；金属网；匙；水；纸巾；放大镜。

步骤：

1.用水把一些纸巾浸润（注：不要浸透），然后把它们放置在坛子底部。

2.把漏斗放置在坛嘴上。切下一圆块金属网，把它覆在漏斗的上面。

3.把两底已被除去的罐放置在金属网上，然后往罐里添入几匙土壤。

4.把Berless漏斗（以发明它的科学家命名）在阳光充足的地方放置大约一天。由于强烈的光和热，这种喜欢在潮湿的土壤里生存的动物就会钻入更深层的土壤中，最后，穿过金属网掉进坛子中。

5.几天之后，在纸巾上寻找线虫，用放大镜仔细观察一下这些微小的生物。你会发现其他生活在土壤中的动物吗？

6.变化：从不同的地带采集不同的土壤样本（如在森林中，花园中或在海边）。向漏斗里放入叶子碎片，而不放入泥土。

7.变化：在冬季里，把一块半冻的泥土带入屋里并使它温度升高。然后把它放入 Berless 漏斗中。把漏斗放在一盏灯下。（如果条件允许的话，用一个倒置的漏斗状的反射器）这样的话，你应该能惊醒处于休眠状态的土壤中的线虫和其他动物。从不同地带取得的被春天的冰覆盖的土壤里包含大量的蚊子卵。你可以把这些土壤在一罐水里放一至两天，来进行孵卵。与此同时，其他一些动物也会出现。

话题：土壤　动物的特征

线虫是与鳗鱼极为相似的一种动物。它们与环节动物有着密切的关系。尽管它们很小，但它们有着完整的神经系统、肌肉组织和嘴。它们生存在水里、土壤里或寄生于包括人在内的其他动物的身体里。寄生虫是一种有机体，寄生于其他有机体体内或依存于其他有机体。因此，它们会对其他有机体造成损害。一些有机体可以作为另一种有机体的一部分生存，并且双方都可以受益，这就是我们经常所说的共生关系。

隐身的青蛙王子

两栖动物和爬行动物很难被人发现，如果你想在两栖动物的栖息地找到它，寻找青蛙也许是你最好的赌注。

材料： 带拉锁的塑料袋；一个玻璃鱼缸或坛子。

步骤：

1.寻找青蛙：仔细倾听青蛙、蟾蜍和牛蛙的叫声。春天的青蛙经常发出较大的银铃般的叫声，它的脊部有一个X形的棕黑色标记，绿蛙的叫声就像音调低沉的五弦琴的弦声，它的喉部有点黄，它的耳骨与它的眼睛的尺寸基本一样，美洲蟾蜍会发出一种悠长的颤声。蟾蜍并不分泌疣，但是它们背部上却有疣，森林中的青蛙会发出一种像鸭子一般嘎嘎的声音，林蛙通常会第一个打破春的沉寂它们像土匪一样戴着黑色的面具。

2.寻找蛙卵：仔细寻找蛙卵，我们经常可以在平静的水池中找到蟾蜍的卵，寻找卵被围于胶状物里的螺旋形物体，林蛙的卵常附于水中的植物上，这些卵经常分散在一块方圆10米的单独的地带。雨蛙的卵也附于水中的植物上，它们都是单个的卵。

3.孵卵：收集一些蛙卵，把它们放入一个坛子或水池里，使水保持清凉、新鲜，为了保证蝌蚪有充足的食物供应，一定要确信池中有大量的海藻或其他植物，当蝌蚪的脚进化完全的时候，我们最好把它们交回我们最初找到它们的水池中，青蛙和蟾蜍很难适应被束缚的生活，同时通过捕捉昆虫，它们又使池塘与小溪受益匪浅。

 话题：栖息地　动物特征

两栖动物是一个希腊语，它的意思是两种生命，它主要指的是这些动物部分时间生活在水中，而部分时间又生活在陆地上。例如：青蛙从卵开始进化演变，青蛙或蟾蜍的卵经常可以在胶状体中找到，它们的卵继而进化成小蝌蚪。小蝌蚪生活在水中，因为它们有鳃，从而可以像鱼那样呼吸氧气，几个星期后，小蝌蚪尾巴消失了并且长出了腿，最后它们生活在陆地上，因为它们可以用肺进行呼吸。它们用粉的叉形的舌头捕捉昆虫或获得其他食物。青蛙可以通过皮从水中获得氧气，正因为如此，即使被埋在湖底或溪底的泥土中，它们也能渡过寒冷的冬天，当春天泥土与水变得温暖起来的时候，它们又重新回到水的表面。

大多数两栖动物靠捕捉昆虫或其他无脊椎动物赖以生存，虽然有时牛蛙也捕食其他青蛙，蝌蚪以水藻为食物。两栖动物都是冷血动物，它们与爬行动物很相似，它们之间的区别之一就是爬行动物的外壳有鳞或"盔甲"似的物质，而大多数两栖动物的外壳都很平滑。另一点区别就是两栖动物在它们的生命循环早期阶段需要用鳃进行呼吸，而爬行动物却自始至终用肺呼吸。

把它们找出来

当你开始观察哺乳动物、鸟类和昆虫时，随时记录你发现每种动物的地点可真是个不错的主意。下面做一次野生动物调查，并画一幅它们的地图。

材料： 卷尺；标桩；线绳；纸；铅笔。

步骤：

1.一个调查就是一次计数。当你做野生生物调查时，记录下列信息：你找到的动物的种类，每一种动物的数量，各种动物的所在地等。

2.开始你的调查。选择你要调查的地区。用标桩和细绳在周围划出一个大正方形。建造"调查方阵"时，在阵内画出间隔相等（如两线间隔1米或10米）的水平垂直线。

3.一次调查一个方阵。如果是一组人在工作，那么每个人可以负责一个方阵。记下"什么，多少，以及哪里"。例如，如果你发现了一些毛虫，写下你发现的数目以及在哪个植株上发现的。如果你要确认的是一只哺乳动物或鸟，你可以做一些记录来帮助你（如一只鸟有黄色的尾巴和红色的喙）。把实际观察到的动物的只数和它们的痕迹记录下来（在下节讨论），把它们的食物（例如：植物的种类、其他

动物）和水源也要记下来。记录要全面。

4.在每一张白纸上，根据调查所得信息画每一个方阵的草图。用不同的标志表示不同的灌木、树木以及有可能捕食的区域。把各个被调查的方阵的草图合在一起，构成一张大而全的这个区域的地图。你可以制三张图：一张是哺乳动物图，一张是鸟类图，另一张是昆虫图。

5.仔细观察一张地图，看看能发现什么动物。你为找到这么多种动物而感到惊喜吗？你能在另外一天在同一地点找到同样的动物吗？

6.扩展活动：无论什么时候，如果你发现了一个新的动物，把它加到你的野生动物图上。每隔一段时间重复你的调查以使动物图保持常新。

话题：制图

无论何时你见到一只野生动物，你都有可能是在它活动的范围之内。动物是有一定习性的生物，它们在同一条路上来回行动，很多动物在一个很小的区域内度过它们的一生。知道你住的区域都有哪些动物，那会是很有帮助的。你会知道到哪个地方去找一种动物，哪些动物在相同地方出没。尤其是哺乳动物，它们到藏身之处以外去觅食。如果你想对它们进行一段时间的观察，就应知道它们进食的习惯。如果你到过一只动物进过食的地方，那里食物十分丰富，那动物就有可能再回来。一个细致观察鸟的方法是到一个它们常去的地方，静静地坐在那儿等着它们的到来。这样你会融入这个区域，并且鸟儿也不会太在意你的存在。

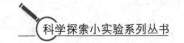
哺乳动物的踪迹

哺乳动物一般比较害羞且安静，颜色单调，经常在夜间活动（它们只在夜间出来）。这里有一些关于如何在自然的栖息地找到它们的提示。

材料：双筒望远镜——任选；一本动物鉴别指南。

步骤：

1.开始你寻找哺乳动物的行动，步行穿过森林、田野，或者沿着海岸线走。你要特别注意水域连着陆地或田野毗邻森林的地方。在这里，由于阳光刺激各种植物的生长，所以会吸引许多动物的来访。

2.尽量不要出声，蹑手蹑脚地走路，防止与灌木丛相擦。因为许多动物有着敏锐的听觉。如果一个动物变得警觉起来并且你认为它已经听到或看到了你，你就要停住脚步了。你可以用下蹲来掩饰你的身体。大多数动物会注意运动的物体；如果你一动不动，它们可能就看不到你。

3.如果你仔细听，你的耳朵经常会最先给你暗示—— 一个动物就在附近。注意听惊惶奔跑的动物踏在枯叶上的蹄声，躯体拂过灌木丛的簌簌声。

4.有效地运用你的视野，把双手圈成望远镜状贴住你的双眼，瞭望一个区域。这会使你的注意力更集中。当你发现了动物后，用一个真的双筒望远镜来仔细地观察它。先得到一个总体的印象，然后注意看它的毛发，头部、眼睛，四肢以及其他的细节。你能够分辨这只动物是雌是雄吗？鹿是最容易一眼看出来的。只有雄鹿、雄麋鹿和雄的驼鹿有一对鹿角。

5.面对动物，逆风而立，这样你的气味就不会让你所观察的动物闻到了。站在一个使双方都感到舒服的距离。记住千万不要靠近幼崽或带着幼崽的动物，避免靠近处于繁殖季节的雄鹿，因为它们是喜怒无常的。

6.如果你正在观察的一个动物忽然消失了，它也许只是停止了动作而和背景融为一体了。仔细检查你最后看到这只动物的地点，它也许就静静地站在那儿看着你呢。

7.如果你不能找到很多动物，就去寻找它们的踪迹吧，看你的头上，脚下以及许多东西的下面。踪迹包括动物的排泄物、足迹、行踪、头发、骨骼，未吃净的食物，储备的食物以及挖掘的痕迹或在树干上的嘴咬，抓搔的标识，洞穴（千万不要伸手进去）和地上的土堆。有一些种类的动物在它们离开前留下与众不同的标记。寻找那些嫩草丛（所有在树篱或树丛中的枝杈和叶子被吃到有关食草动物能够到的高度）。许多哺乳动物在它们地盘的边界处做上记号。松鼠会啃咬茁壮的树的根部并把树皮剥落或者把最低的树枝的下侧的树皮剥光。其他一些动物留下排泄物或气味当做记号，这就在树上或地上产生了一块深色的、气味强烈的点缀。

话题：哺乳动物

一些常见的哺乳动物有獾、河狸、驯鹿、猫、鹿狗、狐狸、金花鼠、美里土拨鼠、驼鹿、鼠、浣熊、臭鼬、松鼠和土拨鼠。来寻找一下在这一地区活动的动物或它们留下的痕迹。

哺乳动物宾客访

你可以到哺乳动物家中拜访，或者请它们来做客，建起一个供水和食物的场所，拿出食物来吸引哺乳动物，然后造一座给松鼠住的"房子"。

材料：灌丛（嫩枝、树枝和圆木）；装满水的大的容器或水槽；干草以及下面提到的其他食物；一块约长2.4米，宽25厘米，厚1厘米的木板；两个带有螺丝钉的合页；螺丝钉起子；榔头与铁钉；锯条；铅笔；尺；钻头——任选；双筒望远镜；动物鉴别指南。

步骤：

1.供水和食物的场所：为了吸引大一些的哺乳动物，建一个底部3到5米，高约2米的灌木堆，把嫩枝和树枝堆到更重的圆木基座上。这一堆灌木给了动物们一个扒挖爪子和磨出利齿的地方。做某一种饲料架用来放置干草或其他合适的食物。另外放一个装满水的更大的容器或水槽。

2.有吸引力的食物：常见的供哺乳动物吃的食物包括一份牛板油，一份花生酱，一份燕麦。把这些东西拌匀，洒在地上，岩石上或树干上。其他"有吸引力"的食物：苹果、新鲜蔬菜（吸引白兔）；

鱼、碎肉、新鲜蔬菜（吸引麝鼠）；葵花籽、花生（吸引金花鼠及松鼠）；玉米（吸引树上的松鼠）；菜豆、玉米、莴苣、苹果、土豆（吸引土拨鼠）；狗食、碎肉、蛋、水果（为了吸引浣熊）；盐块、苹果（吸引鹿）。

3.松鼠屋：为松鼠建造一个家（应该可以变动，它也能成为鸟舍）。在木板上做记号（写在前面边上等等）并将其做如下分割：

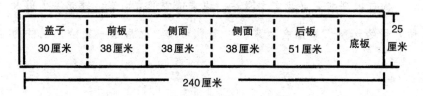

| 盖子
30厘米 | 前板
38厘米 | 侧面
38厘米 | 侧面
38厘米 | 后板
51厘米 | 底板 | 25
厘米 |

240厘米

在前板的右上角开出一个7.5厘米见方的人口。把前板和侧面钉在一起，再把它们钉在后板上。这样盒子后板的顶部就高出一块。量出底板准确的大小，它必须紧卡在其他木板中，切出底板，然后把它钉好。

用合页把盖子与后板连在一起。在盖子下边的两个侧面各打（或钻）两三个通风孔（最好直径1厘米）。另外，在底板上钻5个排水孔。如果你愿意，你可以在"屋"的外面涂上一层自然色。千万不要在内层涂色！把这个"屋子"缚在树上或电线杆上，离地3—5米处；你可以把底板放在树枝上，来支持"屋子"。为了不使内表面过热，这个"屋子"必须放置在阴凉处。

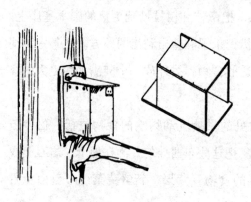

话题：哺乳动物　栖息地

　　模拟哺乳动物栖息地不仅使观察方便，而且能洞悉各种动物栖居的需要。当你邀请哺乳动物来做客时，有那么重要的几点请你记住。在任何可能的时候，戴上手套或其他橡胶材料，并用革或叶子遮掩住人的气味，来处理食物。一旦开始喂哺乳动物，你就得坚持那样做，动物会在同一个地方等着你的食物。如果你选的地区有熊出没的话，注意不要吸引太多的熊，因为你对付不了。

　　松鼠是较易"上钩"的动物，特别是在冬季。松鼠家族包括很多种哺乳动物。有土拨鼠、草原犬鼠、金花鼠等以及普通的在树上生活的松鼠。如果你的灌丛里有浆果或种子，松鼠会被它们所吸引。松鼠和金花鼠会经常偷袭鸟的进料器。鼯鼠在夜间进食，用灯照进料器里的葵花籽就会把它们引来。

鸟的使者

鸟类也许是比较难于接近的，因为它们具有敏锐的视觉，又比较胆小，你最好用一种逼真的诱饵或者诱哄它们向你飞来。

材料：见下面，下文提到的食物；双筒望远镜——任选；鸟类鉴别指南。

步骤：

1.鸟箱和进料器：把鸟箱、洗浴器、进料器放在靠近树林和灌木丛地方，给鸟类提供一个逃避天敌的场所，鸟箱的放置与它的尺寸大小一样重要。例如，美洲山雀喜欢把它们的"房子"建在森林的边缘。用锯木和木条装满鸟箱，它们愿意清扫房间。一个北美产蓝色鸣鸟的鸟箱应该放在一个开阔的地带，如果它不在那里筑巢，也许树燕会来。鸲鹟几乎在哪儿都能筑巢，但它们更喜欢把巢建在森林边缘或在果园里。你要确保每个鸟箱都已经被牢固的缚在树上或树洞，不要把鸟箱的入口朝向盛行风。每年清洗鸟箱一次（当你确知没有鸟在使用时）。

2.有诱惑力的食物：鸟类总是饥肠辘辘的，它们飞行时耗去了大量的能量，因此必须不断地进食。可以喂给鸟类牛板油、面包屑、葵花籽和花生酱，或用细绳把橘皮或未去壳的淡花生挂在树枝上，你也可以搜集一些"天然"的鸟食，到不长野草的花园里去找羊腰草，西耳草生长在结实的土壤里（它有稍红色的种子和棱形的叶片），豚草和狗尾巴草是在草地和路边常见的。把一束草（带籽）挂在靠近灌木丛的树上或者剥去种皮，把籽放在你做好的进料器上。观察哪种草籽分别吸引哪类鸟，如果你在秋季开始喂鸟，那么坚持到春天，鸟类会依靠于你的食物供应，如果突然停止，它们就要在没找到新食源前挨饿了。

话题：鸟类　栖息地

鸟儿随处可见，使它们飞到你面前来也并非难事。如果你在它们天然的栖息地寻找，声音当然会把在附近的它们暴露，你还可以看泥里的泥迹，掉落的羽毛，旧的鸟巢，碎蛋壳，白色的鸟类和软毛（猫头鹰），树上的洞（啄木鸟）。

鸟类做了很多有益的事情，这些事情包括对害虫经常不懈的斗争，每天消灭成千上万吨的杂草、种子，另外还控制田鼠和家鼠数量的增长。

在一年中的某些时候，你有可能找到一个不再被使用的鸟巢。在你把巢拿走之前，一定要确保鸟们已经不再需要它了，你千万不要在筑巢的季节打扰鸟和它们的卵！把鸟巢在一满盘水里放两周，观察种子发芽的情况，鸟都吃些什么？它最爱吃哪种食物？筑巢用的材料有长成植物的吗？巢是用什么做的？鸟是从哪里得到这些材料的？

鸟儿猜猜看

如果动物有羽毛，那么它就是鸟。从其他一些方面，你还可以详细地对鸟进行分类。

材料：一只双筒望远镜——任选；鸟类鉴别指南。

步骤：

1.大小：这只鸟比麻雀（长约15厘米）、鸥鸻（长约25厘米）、乌鸦（长约50厘米）大吗？

2.躯干：躯干是丰满、庞大、健壮、瘦小、矮小，矮胖还是流线型的？尾巴朝上还是下？尾巴是圆的、楔形的，方的还是凹口的？翅膀是长而漂亮的还是短而不整的？翅尖是圆的，尖的还是参差不齐的？喙是厚的、薄的、钝的、宽的、长的、短的，有弯的，带钩的还是尖的？脚是长还是短？爪是带蹼的还是没有蹼的？

3.品种：观察喉部、腹部、翅膀、尾部及羽毛花纹不同颜色。鸟头上是否有冠毛，顶斑及顶纹？胸部是否有条纹、斑点，还是无任何痕迹。

4.鸟鸣声：鸟发出何种声音？你是否可以模仿这种声音？

5.生活环境：鸟适合于什么地区或环境（如：树冠垂直的树干、草地、森林、大草原，海边或水中)？

6.飞翔：鸟的飞行特点是什么（如：急动的，突然起飞，猛扑的或无规则的）？

7.雄鸟、雌鸟或幼鸟：雄鸟易于辨认是由于它们有鲜艳的颜色和明显花纹，而雌鸟却由于现实情况而被伪装。虽然雄鸟与雌鸟很相似，但雌鸟是其中很普通的一个。一种不明显或很素的颜色帮助保护待在巢里的雌鸟。幼鸟都有大的，颜色鲜艳的喙，这样他们父母易于找到它们。

8.羽毛：由于羽毛是区分鸟类的一大要素，因此仔细观察鸟的羽毛就显得十分重要。最平常的一种可沿林间小径随处发现的羽毛来自蓝橙鸟。粉碎一根这样的羽毛，羽毛会立即变为黑色，羽毛的蓝色其实是反射的光线。鸽子有棕灰色带白尖的羽毛，这种羽毛也可经常在小径上发现。樫鸟有又尖又硬的羽毛，每根羽毛有黄色的羽干和黑色的尖。樫鸟利用坚硬的尾毛支撑树干。猫头鹰有带条纹的羽毛，有点像棕色的老虎。乌鸦长有大的黑羽毛，羽干是白色的。

话题：鸟类 分类

鸟蛋有坚硬的壳。这些蛋通常被产在一个精心准备的巢里，慢慢发育直到幼鸟破壳而出。雄鸟和雌鸟共同哺育幼鸟并教它们飞行。许多幼鸟从不离开巢，只有2/3活过了第1年。幼鸟的平均寿命很短（少于两年）。许多鸟类为了远离寒冬和寻找食物而在秋天由北向南迁移，并在那里筑巢和养育后代，大量鸟类以昆虫为食。鸟类的味觉和嗅觉并不灵敏，触觉在某种程度上来讲也被羽毛及坚硬的喙和爪所削弱。相反地，它们的听觉和视觉却十分发达。

小蚂蚁的大世界

蚂蚁是一种群居的动物，看它们在一起工作很有趣，你可以在盒子里建一个蚂蚁王国。

材料： 泥铲；带链的塑料袋；大的广口玻璃杯；小一些的玻璃杯或塑料容器（有盖），并能放进大杯里；网或干酪包布或尼龙袜；橡皮套；黑色的纸；面纱；小块的海绵；水；喷壶；蜜；放大镜；颜料——任选；牙签。

步骤：

1.在土质良好的土壤里寻找蚂蚁。蚁"山"看起来像松软的土堆成的土堆，仔细寻找"蚁后"（它比其他蚂蚁要大），快速并小心地把"蚁后"、一些土、任何白蛋和幼虫以及尽量多的蚂蚁放进塑料袋里并封好，所有的蚂蚁都应取自同一座"蚁山"。

2.给小杯盖上盖并放入大杯中，把蚂蚁与土倒进它们的夹层，不要太用力按压土壤。

3.把一块微湿（或湿）的海绵一直放在小杯子的上面，同时，每天用喷壶洒一点水加以保持土壤微湿（不是太湿）。

4.给蚂蚁一点食物，喂得太多会撑死它们，一点蜜足够50个蚂蚁

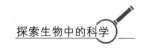

吃一周，用各种不同的食物试一下。

5.用网、干酪包布或尼龙袜包上大杯口并用橡皮套套严，用黑纸粘在杯子的外壁上，使蚂蚁向玻璃的方向打洞，只有在观察的时候，才可以移动纸，观察蚂蚁时要在昏暗的光线下进行。

6，把蚂蚁置于凉爽、昏暗的地方，如果几天之后它们忙于打新洞，它们就很快活，否则就是不高兴。如果这样，就应该把它们放回到原来的地方去。

7.蚂蚁是怎样度过它们的时光呢？群居的动物怎样彼此联合工作呢？两只蚂蚁见面时，它们做些什么呢？它们怎样挥动它们的触角呢？用放大镜观察蚂蚁的活动。

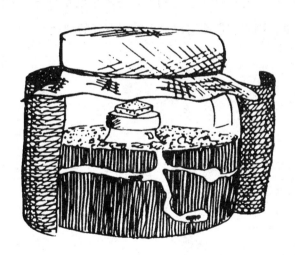

8.扩展活动：从别的蚁群带回一只蚂蚁（一小块颜料会帮你区分它的），看一看会发生什么事？

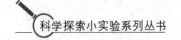

话题：昆虫　栖息地

　　蚂蚁、蜜蜂和黄蜂属于同一生物种类，蚁群运转起来就像一个家庭，工蚁之间各有分工，并联合起来照顾小蚂蚁。它们两代甚至更多代生活在一起，蚁群通常由三个群体组成，有翅膀的产卵的母蚁，无翅的不产卵的母工蚁；有翅的公蚁。每个母工蚁都有明确的工作，一些寻找食物，一些照顾幼小的一代，另一些则建巢，挖通道，其余的则保持巢穴清洁。雄蚁活着只是为了交尾，一旦"蚁后"怀卵，雄蚁就会死掉，每个巢都有一个或更多的产卵的蚁后，蚂蚁通过触角和化学味道彼此交际，它们保护自己的方式是逃跑或咬对方，它们基本上是有益的昆虫，因为它们能清理掉人类留下来的垃圾。